工业和信息化人才培养工程系列丛书

1+X 证书制度试点培训用书

虚拟现实应用开发教程
（高级）

北京新奥时代科技有限责任公司　组编

电子工业出版社

Publishing House of Electronics Industry

北京•BEIJING

内 容 简 介

本书以《虚拟现实应用开发职业技能等级标准》为编写依据，围绕虚拟现实技术的人才需求与岗位能力进行内容设计。在初级、中级内容的基础上，本书介绍了高级三维技术、项目架构设计、高级应用编程、基于虚拟现实引擎的高级开发、性能优化等内容，涵盖了次世代建模、角色动画制作和三维特效制作等技术，以及项目架构需求分析与设计、面向过程和面向对象的高级编程技术、网络编程技术、动画合成技术、运动学原理运用和渲染系统运用等基于虚拟现实引擎的高级开发、性能分析与优化等内容。本书以模块化的结构组织章节，以任务驱动的方式安排内容。

本书可作为 1+X 证书制度试点工作中虚拟现实应用开发职业技能等级证书培训的教材，也可作为期望从事虚拟现实应用开发工作的人员和视觉传达、数字媒体技术、影视制作、动漫游戏开发等相关专业的学生的参考书。

图书在版编目（CIP）数据

虚拟现实应用开发教程：高级 / 北京新奥时代科技有限责任公司组编. —北京：电子工业出版社，2020.9

ISBN 978-7-121-39727-1

Ⅰ. ①虚… Ⅱ. ①北… Ⅲ. ①虚拟现实－程序设计－教材 Ⅳ. ①TP391.98

中国版本图书馆 CIP 数据核字（2020）第 191014 号

责任编辑：胡辛征　　　特约编辑：田学清
印　　刷：涿州市般润文化传播有限公司
装　　订：涿州市般润文化传播有限公司
出版发行：电子工业出版社
　　　　　北京市海淀区万寿路 173 信箱　　　　　邮编：100036
开　　本：787×1092　　1/16　　印张：17.25　　字数：357 千字
版　　次：2020 年 9 月第 1 版
印　　次：2025 年 2 月第 8 次印刷
定　　价：52.00 元

前言

2019年1月24日，国务院印发了《国家职业教育改革实施方案》，该方案要求把职业教育摆在教育改革创新和经济社会发展中更加突出的位置。对接科技发展趋势和市场需求，完善职业教育和培训体系，优化学校、专业布局，深化办学体制改革和育人机制改革，鼓励和支持社会各界特别是企业积极支持职业教育，着力培养高素质劳动者和技术技能人才，是贯彻落实《国家职业教育改革实施方案》的出发点和主要目标。

实施1+X证书制度培养复合型技术技能人才，是应对新一轮科技革命和产业变革带来的挑战、促进人才培养供给侧和产业需求侧结构要素全方位融合的重大举措；是促进职业院校加强专业建设、深化课程改革、增强实训内容、提高师资水平、全面提升教育教学质量的重要着力点；是促进教育链、人才链与产业链、创新链有机衔接的重要途径；对深化产教融合、校企合作，健全多元化办学体制，完善职业教育和培训体系具有重要意义。

新一轮科技革命和产业变革的到来，推动了产业结构调整与经济转型升级发展新业态的出现。战略性新兴产业在爆发式发展的同时，对新时代产业人才的培养提出了新的要求与挑战。虚拟现实是一个新兴的、快速增长的行业。随着信息技术，尤其是5G、智能传感器与图形显示等技术的发展，虚拟现实技术已成为21世纪先进的主流技术之一，并且在产业应用方面的贡献日益突出。虚拟现实以其独特的沉浸性、构想性和交互性在商业、工业、军事、医疗、教育、传媒、娱乐等众多领域应用广泛且深入，实现各传统型产业/专业的增值、增效。当前，产业的发展急需虚拟现实高素质、复合型技术技能人才支撑。

北京新奥时代科技有限责任公司立足新时代人才培养要求，积极参与国家职业教育改革，先后承担了《Web前端开发职业技能等级证书》和《工业机器人操作与运维职业技能等级证书》的标准开发、师资培训、学生考评等工作。结合产业用人需求，在有关企业和职业院校的支持下，北京新奥时代科技有限责任公司开发了《虚拟现实应用开发职业技能等级证书》标准，并遴选为虚拟现实职业技能等级证书的培训评价组织。

为了便于试点院校开展学生培训工作，北京新奥时代科技有限责任公司依据虚拟现实职业技能等级标准（2020 版）中初级、中级和高级 3 个级别所对应要求掌握的职业技能要点，组织编写了虚拟现实职业技能等级证书配套的初级、中级、高级培训教材，教材中的案例素材由北京威尔时代教育科技有限公司提供。此教材旨在为参加培训的学生提供更为精炼、有针对性的培训辅助材料。

本书是高级证书配套培训教材，包括 5 章。第 1 章通过次世代模型、角色动画、三维特效的制作介绍了高级三维技术，由唐海峰、龚俊辉编写；第 2 章通过项目架构的需求分析、概要设计及详细设计介绍了项目架构设计，由李鹏鹏编写；第 3 章介绍了面向过程和面向对象的高级编程，以及网络编程，由李强编写；第 4 章通过动画合成、运动学原理的运用及渲染系统的运用介绍了基于虚拟现实引擎的高级开发，由刘舰编写；第 5 章介绍了性能优化分析、基本性能优化和高级性能优化，由李鹏鹏编写。

本书适合参加虚拟现实应用开发职业技能等级证书高级层次培训的学生阅读，也可作为视觉传达、数字媒体技术、影视制作、动漫游戏开发等相关专业的学生的参考用书。

由于编者水平有限，书中难免有不当之处，请读者指正为盼。

编　者
2020 年 5 月

目 录

第 1 章
高级三维技术

学习任务

【任务1】掌握次世代模型基本体的创建，以及模型烘焙、贴图制作。

【任务2】了解蒙皮的概念，掌握骨骼绑定、添加蒙皮、细致调节权重的方法，以及角色行走动画的制作方法。

【任务3】了解 Unity 粒子系统及其参数属性，掌握粒子的创建方法。

【任务4】掌握三维软件场景中特效的制作流程和制作方法。

学习路线

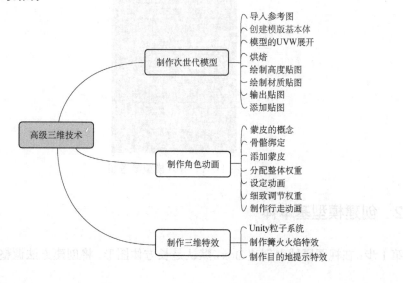

1.1 制作次世代模型

1.1.1 导入参考图

启动 3ds Max 软件，创建一个平面，调整长度和宽度的数值，直至与模型参考图一致，将模型参考图拖到创建好的平面中，如图 1-1-1 所示。

图 1-1-1 导入模型参考图

1.1.2 创建模型基本体

第 1 步：在视图区域中创建 Box，默认是长方体图形，将创建方法调整为"立方体"，单击鼠标右键，在弹出的快捷菜单中选择"转换为"→"转换为可编辑多边形"命令，如图 1-1-2 所示，对 Box 进行编辑，参考模型图调整其大小。

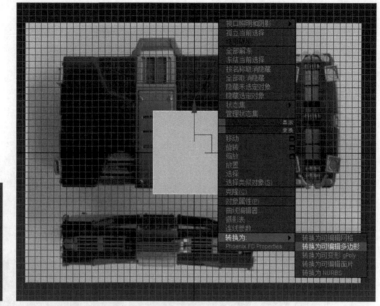

图 1-1-2　创建立方体 Box

第 2 步：根据模型结构添加线条并调整弧度，删除多余的结构，运用"桥"命令补充缺少的面片（见图 1-1-3），将模型调整至合适的厚度。

图 1-1-3　运用"桥"命令

第 3 步：给边缘线切角，使边缘过渡自然；使用"连接"命令添加线条，如图 1-1-4 所示；使用"涡轮平滑"命令使模型平滑，如图 1-1-5 所示。

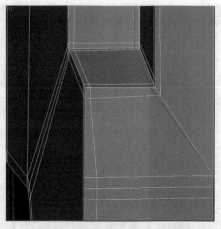

图 1-1-4　使用"连接"命令添加线条

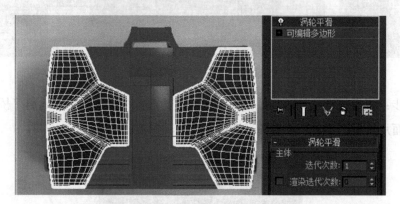

图 1-1-5　使用"涡轮平滑"命令使模型平滑

第 4 步：参考上述操作制作模型的其他部位。制作完成的模型如图 1-1-6 所示。

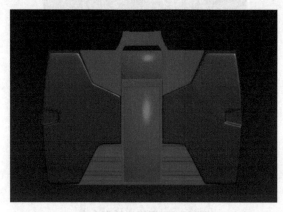

图 1-1-6　制作完成的模型

1.1.3 模型的 UVW 展开

第 1 步：选中模型，解组模型。由于一些部件重复及对称，因此可将重复部件删除，将剩余模型各部件分别转换为"可编辑多边形"，选中其中一个部件，执行"UVW 展开"命令，如图 1-1-7 所示。

图 1-1-7 执行"UVW 展开"命令

第 2 步：打开"UVW 展开"命令，选择"面"模式，然后选择要分开的面，也可以单击"剥"面板中的"重置剥"按钮，绘制新接缝位置。选择一个面，单击"扩展所选面到缝合处"按钮，进行元素的选择，如图 1-1-8 所示。

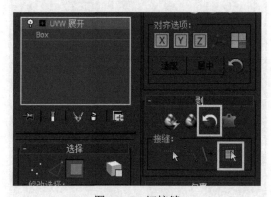

图 1-1-8 切接缝

第 3 步：单击"剥"面板中的"毛皮贴图"按钮，在"毛皮贴图"面板中单击"开始毛皮"按钮，在"松弛工具"面板中选择"由多边形角松弛"或"由边角松弛"命令松弛网络，检查有无重叠或交错等问题，如图 1-1-9 所示。

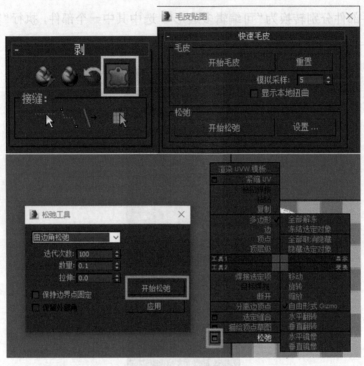

图 1-1-9　松弛网络

第 4 步：对所有要分开的面进行 UVW 展开，全部展开之后，对 UV 块的分布进行调整，根据模型部位的重要程度合理分配 UV，尽量应用仅有的空间完成 UV 展开，如图 1-1-10 所示。

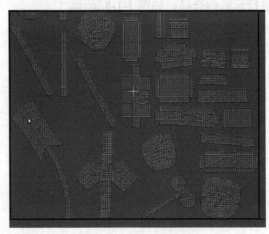

图 1-1-10　完成 UV 展开

1.1.4　烘焙

　　第 1 步：打开"材质编辑器"窗口，为模型整体添加一个材质球，如图 1-1-11 所示；将模型各部分拆分，使其不重叠，如图 1-1-12 所示。将该模型另外保存一份，并作为烘焙文件。

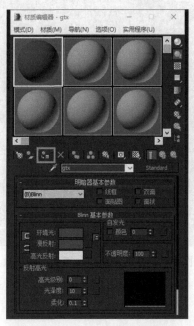

图 1-1-11　添加一个材质球

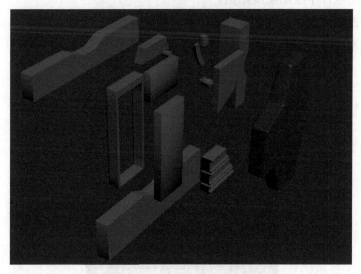

图 1-1-12　将模型各部分拆分

　　第 2 步：打开贴图绘制软件，导入拆分好的模型文件。打开 Baking 面板，设置合适的参数对模型进行烘焙，如图 1-1-13 所示。

图 1-1-13　设置 Baking 面板中的参数

1.1.5　绘制高度贴图

在贴图绘制软件中绘制高度贴图。

第 1 步：添加笔刷，设置笔刷的粗糙度、金属度和高度值，如图 1-1-14 所示，参考模型图绘制线条纹理。

图 1-1-14　设置笔刷的粗糙度、金属度和高度值

第 2 步：打开法线通道，选择合适的形状绘制螺钉和凹槽，如图 1-1-15 所示。

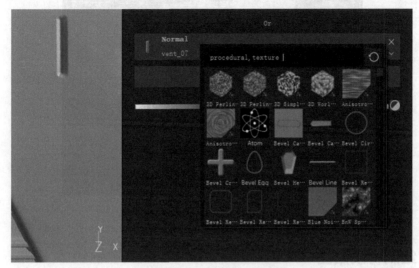

图 1-1-15　绘制螺钉和凹槽

第 3 步：使用笔刷绘制上方的竖槽，选择条纹样式的贴图，调整条纹疏密度及水平方向，如图 1-1-16 所示；为填充图层添加黑色蒙版，擦出有效的区域，如图 1-1-17 所示。

图 1-1-16　条纹贴图填充

图 1-1-17　显示有效区域

第 4 步：参考上述操作绘制模型其他的凹凸部位。完整的绘制效果如图 1-1-18 所示。

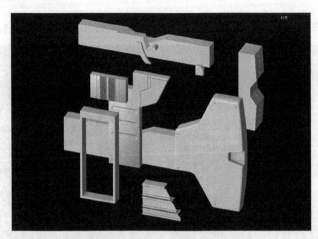

图 1-1-18　完整的绘制效果

1.1.6　绘制材质贴图

在贴图绘制软件中绘制材质贴图。

第 1 步：参考模型图，在"材质"面板中选择合适的基础材质赋予模型，修改材质的颜色，绘制出漆面效果，如图 1-1-19 所示。

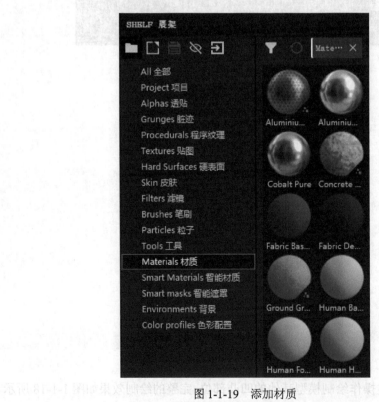

图 1-1-19　添加材质

第 2 步：在"材质"面板中选择合适的基础金属材质赋予模型，然后调整颜色、亮度等属性。使用"智能遮罩"命令绘制出金属边缘的磨损效果，如图 1-1-20 所示。整体添加遮罩，为不同的材质区分区域，预设效果如图 1-1-21 所示。

图 1-1-20　选择"智能遮罩"命令

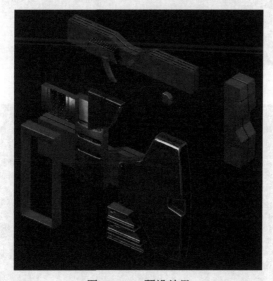

图 1-1-21　预设效果

第 3 步：丰富贴图细节。为漆面添加尘埃，调整漆面粗糙度，如图 1-1-22 所示；使用笔刷将金属面局部颜色加深，如图 1-1-23 所示。最终的贴图效果如图 1-1-24 所示。

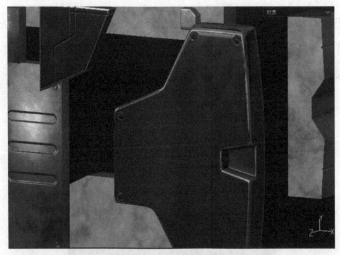

图 1-1-22　调整漆面粗糙度

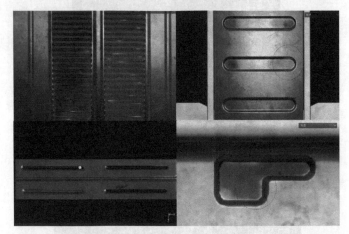

图 1-1-23　将金属面局部颜色加深

图 1-1-24　最终的贴图效果

1.1.7　输出贴图

在贴图绘制软件中导出贴图。执行"文件"→"导出贴图"命令，在"配置"下拉列表中选择需要导出的贴图类型，如图 1-1-25 所示，导出的贴图如图 1-1-26 所示。

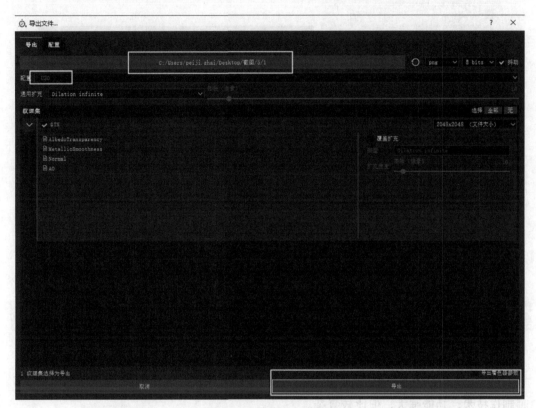

图 1-1-25　选择贴图类型

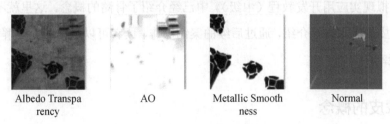

Albedo Transpa
rency　　　　AO　　　Metallic Smooth
ness　　　Normal

图 1-1-26　导出的贴图

1.1.8　添加贴图

打开 Unity 软件，为材质球添加贴图，并赋予到模型上，最终的效果如图 1-1-27所示。

图 1-1-27　最终的效果

1.2　制作角色动画

本节主要介绍 3ds Max 的骨骼绑定、蒙皮等动画技术，这些都是 3ds Max 的高级动画制作技术，功能强大，但比较复杂。

在《虚拟现实应用开发教程（中级）》中已经介绍了骨骼的概念，这里就不再详细展开，仅对蒙皮的概念进行介绍，通过后续的案例操作，读者可以很直观地理解和感受 3ds Max 的高级动画功能。

1.2.1　蒙皮的概念

为角色创建好骨骼之后，就需要将角色模型和骨骼绑定在一起，让骨骼带动角色的形体发生变化，这个过程就称为蒙皮。3ds Max 2014 提供了"蒙皮"修改器和 Physique 修改器，在一般情况下通常使用"蒙皮"修改器为骨骼进行蒙皮。

创建好角色的模型和骨骼之后，需要为角色模型加载一个"蒙皮"修改器。"蒙皮"修改器包含 5 个卷展栏，如图 1-2-1 所示。

1. "参数"卷展栏

展开的"参数"卷展栏如图 1-2-2 所示。

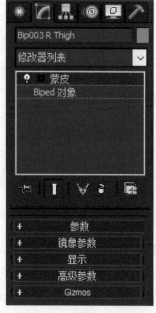

图 1-2-1　"蒙皮"修改器

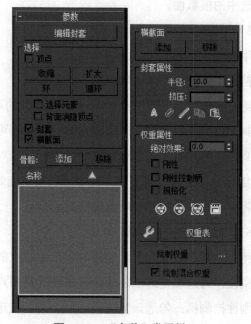

图 1-2-2　"参数"卷展栏

1)"编辑封套"按钮

激活"剪辑封套"命令可以进入子对象层级，进入子对象层级之后可以编辑封套和顶点的权重。

2)"选择"参数组

顶点：勾选该复选框之后可以选择顶点，并且可以使用"收缩"、"扩大"、"环"和"循环"命令来选择顶点。

选择元素：勾选该复选框之后，只要至少选择所选元素的一个顶点，就会选择它的所有顶点。

背面消隐顶点：勾选该复选框之后，不能选择指向远离当前视图的顶点（位于几何体的另一侧）。

封套：勾选该复选框之后，可以选择封套。

横截面：勾选该复选框之后，可以选择横截面。

3)"骨骼"参数组

添加/移除：单击"添加"按钮可以添加一个或多个骨骼；单击"移除"按钮可以移除选中的骨骼。

4）"横截面"参数组

添加/移除：单击"添加"按钮可以添加一个或多个横截面；单击"移除"按钮可以移除选中的横截面。

5）"封套属性"参数组

半径：设置封套横截面的半径值。

挤压：设置所拉伸骨骼的挤压倍数增量。

绝对/相对：用来切换计算内外封套之间的顶点权重的方式。

封套可见性：用来控制未选定的封套是否可见。

衰减：为选定的封套选择衰减曲线。

复制/粘贴：使用"复制"命令可以复制选定封套的大小和图形；使用"粘贴"命令可以将复制的对象粘贴到所选定的封套上。

6）"权重属性"参数组

绝对效果：设置选定骨骼相对于选定顶点的绝对权重。

刚性：勾选该复选框之后，可以使选定顶点仅受一个最具影响力的骨骼的影响。

刚性控制柄：勾选该复选框之后，可以使选定面片顶点的控制柄仅受一个最具影响力的骨骼的影响。

规格化：勾选该复选框之后，可以强制每个选定顶点的总权重合计为1。

排除选定的顶点/包含选定的顶点：将当前选定的顶点排除/添加到当前骨骼的排除列表中。

图1-2-3　"权重工具"对话框

选择排除的顶点：选择所有从当前骨骼排除的顶点。

烘焙选定顶点：单击该按钮可以烘焙当前的顶点权重。

权重工具：单击该按钮可以打开"权重工具"对话框，如图1-2-3所示。

权重表：单击该按钮可以打开"蒙皮权重表"窗口，在该窗口中可以查看和更改骨骼结构中所有骨骼的权重，如图1-2-4所示。

绘制权重：使用该命令可以绘制选定骨骼的权重。

绘制选项：单击该按钮可以打开"绘制选项"窗口，在该窗口中可以设置绘制权重的参数，如图1-2-5所示。

绘制混合权重：勾选该复选框后，通过均分相邻顶点的权重，可以基于笔刷强度来应用平均权重，这样可以缓和绘制的值。

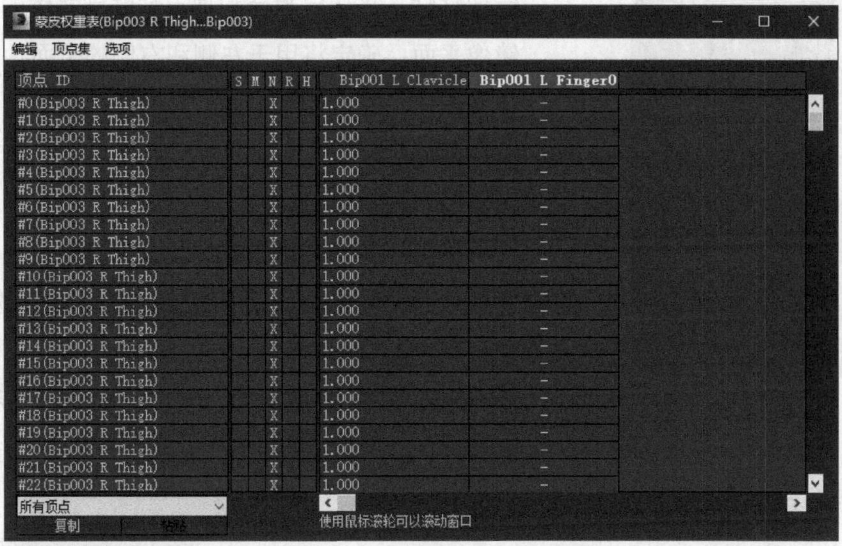

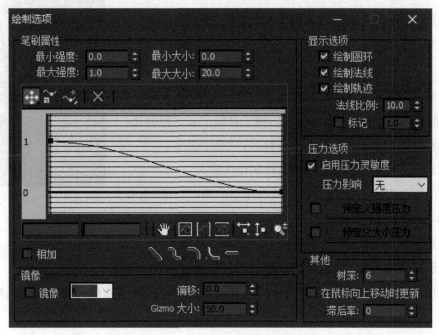

图 1-2-4 "蒙皮权重表"窗口

图 1-2-5 "绘制选项"窗口

2. "镜像参数"卷展栏

展开的"镜像参数"卷展栏如图 1-2-6 所示。

镜像模式：启用该模式之后，可以将封套和顶点指定从网格的一个侧面镜像到另一

图 1-2-6 "镜像参数"卷展栏

个侧面。

镜像粘贴：将选定封套和顶点粘贴到物体的另一侧。

镜像平面：确定将用于左侧和右侧的平面。

镜像偏移：沿"镜像平面"轴移动镜像平面。

镜像阈值：在将顶点设置为左侧或右侧顶点时，设置镜像工具看到的相对距离。

显示投影：当"显示投影"设置为"默认显示"时，选择镜像平面一侧上的顶点之后，系统会自动将选择的顶点投影到相对面。

手动更新：如果启用该选项，则可以手动更新显示内容。

更新：在启用"手动更新"选项时，单击该按钮可以更新显示内容。

3."显示"卷展栏

展开的"显示"卷展栏如图 1-2-7 所示。

色彩显示顶点权重：根据顶点权重设置视口中的顶点颜色。

显示有色面：根据面权重设置视口中的面颜色。

明暗处理所有权重：为封套中的每个骨骼指定一种颜色。

显示所有封套：同时显示所有封套。

显示所有顶点：在每个顶点上绘制小十字叉。

显示所有 Gizmos：显示除当前选定 Gizmos 之外的所有

图 1-2-7 "显示"卷展栏

Gizmos。

不显示封套：即使已选择封套，也不显示封套。

显示隐藏的顶点：可选该复选框之后，将显示隐藏的顶点。

在顶端绘制：该参数组中的选项用来确定在视口中所有其他对象的顶部绘制哪些元素。

● 横截面：强制在顶部绘制横截面。

● 封套：强制在顶部绘制封套。

4."高级参数"卷展栏

展开的"高级参数"卷展栏如图 1-2-8 所示。

始终变形：用于编辑骨骼和所控制点之间的变形关系的切换。

参考帧：设置骨骼和网格位于参考位置的帧。

回退变换顶点：用于将网格链接到骨骼结构。

刚性顶点（全部）：如果启用该选项，则可以有效地将每个顶点指定给其封套影响最大的骨骼，即使为该骨骼指定的权重为 100% 也是如此。

图 1-2-8　"高级参数"卷展栏

刚性面片控制柄（全部）：在面片模型上，强制面片控制柄权重等于结构权重。

骨骼影响限制：限制可影响一个顶点的骨骼数。

重置：该参数组用来重置顶点和骨骼。

- 重置选定的顶点：将选定顶点的权重重置为封套默认值。
- 重置选定的骨骼：将关联顶点的权重重新设置为选定骨骼的封套计算的原始权重。
- 重置所有骨骼：将所有顶点的权重重新设置为所有骨骼的封套计算的原始权重。

保存/加载：用于保存/加载封套位置、形状及顶点权重。

释放鼠标按钮时更新：勾选该复选框之后，如果单击鼠标左键，则不进行更新。

快速更新：在不渲染时，禁用权重变形和 Gizmos 的视口显示，并使用刚性变形。

忽略骨骼比例：勾选该复选框之后，可以使蒙皮的网格不受缩放骨骼的影响。

可设置动画的封套：启用"自动关键点"模式时，该选项用来切换在所有可设置动画的封套参数上创建关键点的可能性。

权重所有顶点：勾选该复选框之后，将强制不受封套控制的所有顶点加权到与其最近的骨骼。

图 1-2-9　Gizmos 卷展栏

移除零权重：如果顶点低于"移除零限制"值，则从其权重中将其去除。

移除零限制：设置权重阈值。该阈值确定在单击"移除零权重"按钮之后是否从权重中去除顶点。

5．Gizmos 卷展栏

展开的 Gizmos 卷展栏如图 1-2-9 所示。

Gizmos 列表：列出当前的"角度"变形器。

变形器列表：列出可用变形器。

添加 Gizmos：将当前 Gizmos 添加到选定顶点。

移除 Gizmos：从列表中移除选定 Gizmos。

复制 Gizmos：将高亮显示的 Gizmos 复制到缓冲区以便粘贴。

粘贴 Gizmos：在复制缓冲区中粘贴 Gizmos。

1.2.2 骨骼绑定

若要使模型动起来就要绑定骨骼。下面通过制作一个人物角色模型来介绍骨骼绑定的操作步骤。

第 1 步：在 3ds Max 软件中导入人物角色模型，如图 1-2-10 所示。

图 1-2-10　导入人物角色模型

第 2 步：对导入的模型进行检查，如图 1-2-11 所示，使用"重置变换"修改器将模型变为可编辑多边形。

图 1-2-11　使用"重置变换"修改器

第 3 步：如图 1-2-12 所示，再对导入的人物角色模型进行"居中"处理，以避免后续操作中出现对称的骨关节错位。

图 1-2-12　将模型进行"居中"处理

第 4 步：如图 1-2-13 所示，打开"创建"面板，单击"系统"按钮，在"对象类型"卷展栏中单击 Biped 按钮，在"躯干类型"下拉列表中选择"女性"选项，这样就可以创建一个系统默认的女性 Biped 骨骼模型。

图 1-2-13　创建女性 Biped 骨骼模型

第 5 步：观察导入的角色模型，在"结构"卷展栏中对女性 Biped 骨骼模型的"躯干类型"参数进行调整，使其更接近于所导入的角色模型。

如图 1-2-14 所示，角色模型有 5 根手指，手指链接（即手指关节）为 3 节，因此需要将 Biped 骨骼模型中的手指也设置为 5 根，并且手指链接为 3 节。对于脚趾的参数设置如下：对于穿鞋的人物角色，将脚趾设置为 1 根、1 节脚趾关节即可，如图 1-2-15 所示。可以通过 Xtra 对 Biped 骨骼模型头发的参数进行设置，如图 1-2-16 所示，因为角色模型是左右对称的，所以头发所对应的 Biped 骨骼模型可以先只做一侧。最终调整的 Biped 躯干类型参数如图 1-2-17 所示。需要注意的是，在调节骨骼模型的时候，只需要调整身体的一半，之后在姿态当中复制到另外半边即可。

第 6 步：如图 1-2-18 所示，打开"运动"面板，在"参数"选项卡的 Biped 卷展栏中单击"体形模式"按钮，在"轨迹选择"卷展栏中单击"躯干水平"按钮，移动 Biped 骨骼模型，使其与角色模型重合。

图 1-2-14　对 Biped 骨骼模型手指参数进行调整

图 1-2-15　对 Biped 骨骼模型脚趾的参数进行调整

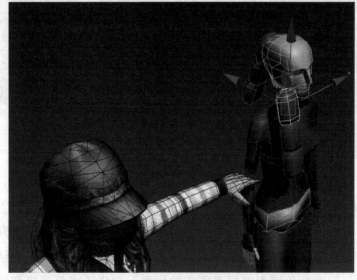

图 1-2-16　调整 Biped 骨骼模型头发的参数

图 1-2-17　最终调整的 Biped 躯干类型参数

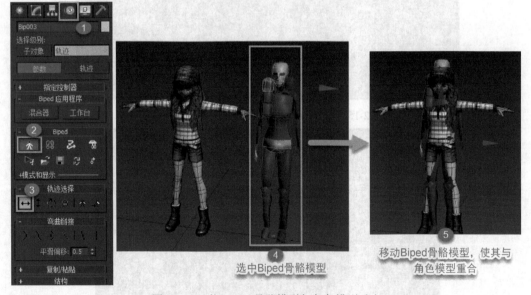

图 1-2-18　使 Biped 骨骼模型与角色模型重合

第 7 步：此时可以看到，两者并没有完全匹配，因此需要继续使用"体形模式"
命令对 Biped 骨骼模型进行更改，骨骼模型各部位的调整顺序是有讲究的，这里建
议使用的顺序是胯部→腿部→躯干→肩部→手臂→颈部→头部，最后结合实际情况
进行局部微调。比对角色模型中重心所在的位置，首先选中骨骼模型的胯部进行调

整，如图 1-2-19 所示，在"躯干类型"参数组中调整"高度"数值框，使骨骼模型的胯部与角色模型的骨盆位置相匹配。

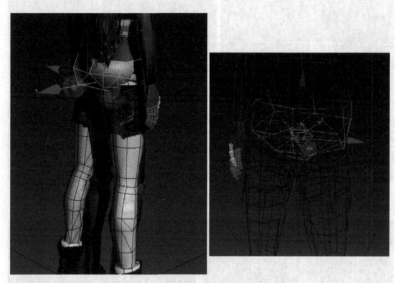

图 1-2-19　调整骨骼模型的胯部

第 8 步：胯部调整好之后，再次与角色模型进行对比，然后对骨骼模型的腿部进行调整。结合使用工具栏中的"局部缩放"命令，可以更好地使骨骼模型与角色模型贴合，如图 1-2-20 所示。调整腿部时，如图 1-2-21 所示，应先匹配角色模型确定骨骼模型的膝关节的位置，然后调整姿势和大腿、小腿、脚掌的长度等，如图 1-2-22 和图 1-2-23 所示。由于角色模型是穿鞋的，因此骨骼模型的脚掌只设置了 1 根脚趾，但是在这里调整脚掌时，建议将骨骼模型的脚掌做得饱满一些，比角色模型的脚掌略大，有助于后续在不影响蒙皮的情况下，制作角色动画时选中骨骼模型中的脚掌。

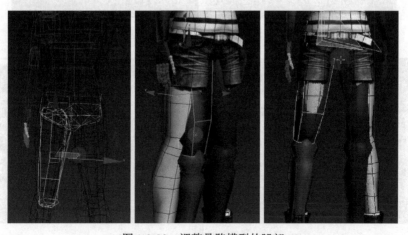

图 1-2-20　调整骨骼模型的腿部

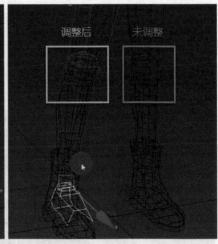

图 1-2-21　调整骨骼模型的膝关节

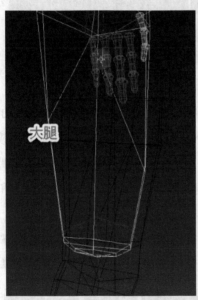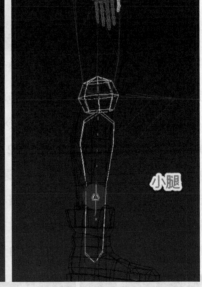

图 1-2-22　调整骨骼模型的大腿和小腿的长度

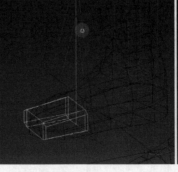

图 1-2-23　调整骨骼模型的脚掌的长度

　　第 9 步：比对角色模型，对骨骼模型的躯干进行调整，如图 1-2-24 所示，先调整骨骼模型的腰部，再调整骨骼模型的胸部。

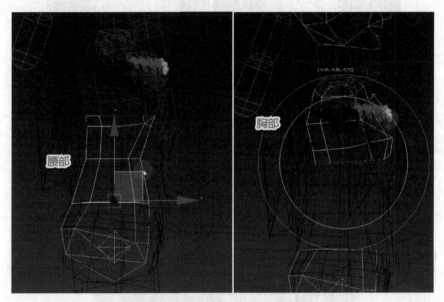

图 1-2-24　调整骨骼模型的躯干

　　第 10 步：对骨骼模型的姿势进行调整，同时将一些可能会影响观察视野和模型选择的部位进行隐藏。如图 1-2-25 所示，为了避免其他不需要调整的骨骼部位影响观察，可以先将骨骼模型垂下的手臂通过旋转使之与角色模型大致处于同一个位置；为了便于后续调整骨骼模型的颈部和头部，可以将角色模型的头发和帽子隐藏，以便于根据角色模型的头部形状调整骨骼模型的头部，如图 1-2-26 所示。为了避免在调整骨骼模型的过程中误选中角色模型，可以在工具栏的"选择过滤器"中将选择对象设置为"骨骼"，如图 1-2-27 所示。

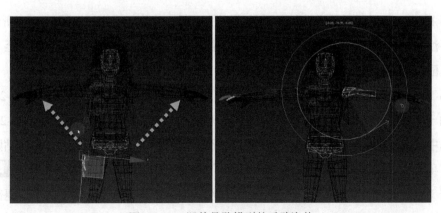

图 1-2-25　调整骨骼模型的手臂姿势

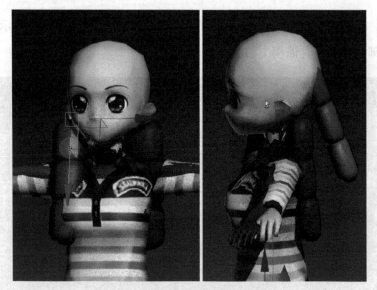

图 1-2-26　隐藏角色模型的头发和帽子

图 1-2-27　将选择对象设置为"骨骼"

第 11 步：运用同样的方法调整骨骼模型的肩部、手臂和手掌，如图 1-2-28 所示。此时需要注意手掌关节点的构造，尽可能将骨骼模型手指的大小和形态调整修改至与角色模型匹配，如图 1-2-29 所示。

第 12 步：此时已经基本将半侧的骨骼模型与角色模型匹配在一起，如图 1-2-30 所示。由于角色模型是对称的，因此可以将已匹配的半侧复制到另一侧。如图 1-2-31 所示，选中已匹配的腿部骨骼，在"运动"面板的"参数"选项卡中打开"复制/粘贴"卷展栏，单击"创建集合"按钮，在"姿态"选项卡中单击"复制姿态"按钮，然后单击"粘贴姿态"按钮和"向对面粘贴姿态"按钮，这样就可以将该腿部骨骼姿态复制到另一侧未匹配的腿部上。

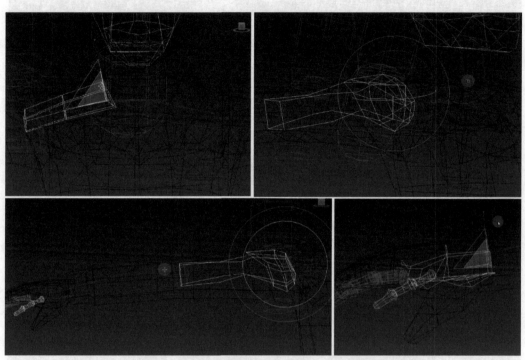

图 1-2-28　调整骨骼模型的肩部、手臂和手掌

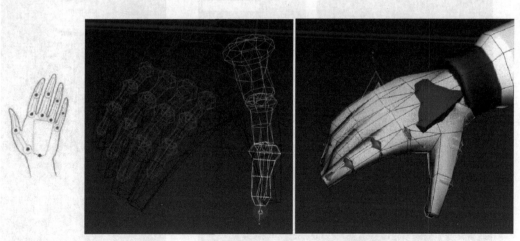

图 1-2-29　使骨骼模型的手指与角色模型匹配

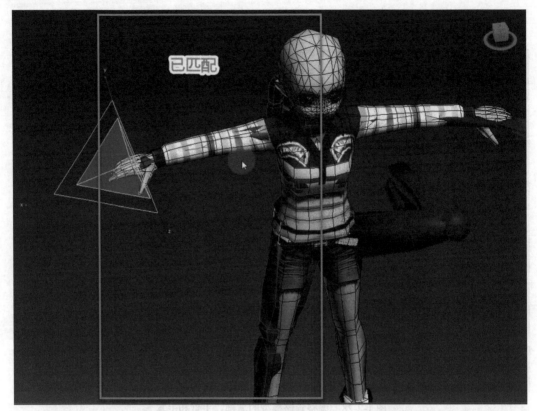

图 1-2-30　已完成半侧的骨骼模型与角色模型的匹配

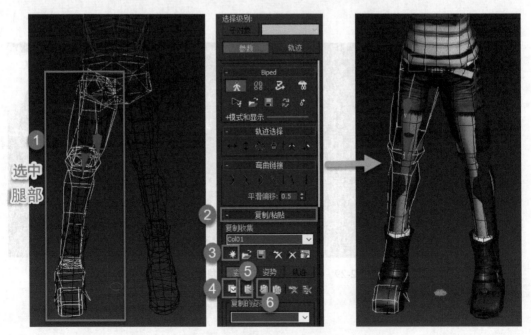

图 1-2-31　将已匹配的腿部姿态复制到另一侧腿部上

第 13 步：运用同样的方法依次将已匹配的躯干、手臂、头部的骨骼姿态复制到另一侧，如图 1-2-32 所示。

图 1-2-32　完成整个骨骼模型与角色模型的匹配

第 14 步：调整骨骼模型的颈部和头部，如图 1-2-33 所示。

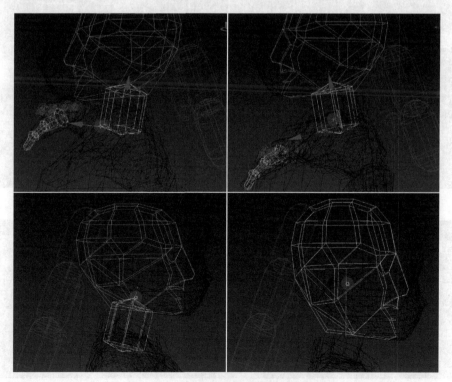

图 1-2-33　调整骨骼模型的颈部和头部

第 15 步：取消对角色模型的头发和帽子的隐藏，对骨骼模型的头发进行调整。如图 1-2-34 所示，对于披在胸前的头发，依然可以先调整骨骼模型一侧的头发，然后将其复制到另一侧。最后调整骨骼模型披在背部的头发，如图 1-2-35 所示。

图 1-2-34　调整骨骼模型披在胸前的头发

图 1-2-35　调整骨骼模型披在背部的头发

第 16 步：检查骨骼模型的各个部位，并进行局部的细节调整，如图 1-2-36 所示。至此，角色模型完成骨骼绑定，如图 1-2-37 所示。

图 1-2-36　调整局部的细节

图 1-2-37　角色模型完成骨骼绑定

1.2.3　添加蒙皮

完成了人物角色模型的骨骼绑定之后，接下来就要让骨骼带动角色的形体发生变化，具体的操作步骤如下。

第 1 步：在工具栏的"选择过滤器"中将选择对象设置为"全部"，如图 1-2-38 所示。

图 1-2-38　将选择对象设置为"全部"

第 2 步：选中整个角色模型和骨骼模型，在"修改"面板中为模型添加"蒙皮"修改器，如图 1-2-39 所示。

图 1-2-39　添加"蒙皮"修改器

第 3 步：在"参数"卷展栏中单击"添加"按钮，弹出"选择骨骼"对话框。使用快捷键 Ctrl+A 全选骨骼，然后单击"选择"按钮，如图 1-2-40 所示，至此完成骨骼的添加。

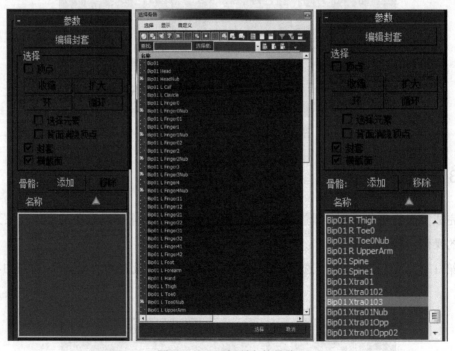

图 1-2-40　添加所有的骨骼

1.2.4　分配整体权重

第 1 步：使用快捷键 1 或单击"编辑封套"按钮，打开"显示"面板中的"显示颜色"卷展栏,将"明暗处理"设置为"对象颜色",再返回"修改"面板,即可查看骨骼模型的权重。

如图 1-2-41 所示,选中骨骼模型的脊柱骨骼,根据颜色的分布可以判断权重的分布:红色>黄色>蓝色>灰色。此时,可以在模型的封套上看到有一大一小的 2 个胶囊状红色线框,从小胶囊到大胶囊的体积变化过程,代表骨骼对胶囊中点的控制强度变化,通过调节胶囊的大小,就能影响胶囊区域的权重。需要注意的是,这里胶囊层级的权重只能确定大致的蒙皮值,再精确一点的调节就要进入点层级调节权重。

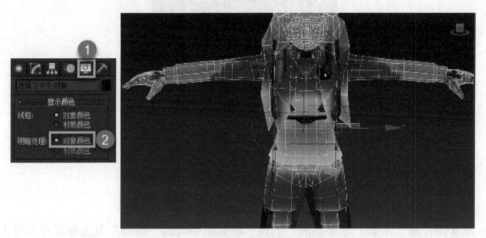

图 1-2-41 查看骨骼模型的权重分布

第 2 步:对一些不需要有权重的部位进行移除。如图 1-2-42 所示,模型重心是否具有权重对动画效果没有影响,因此可以移除模型重心的权重。

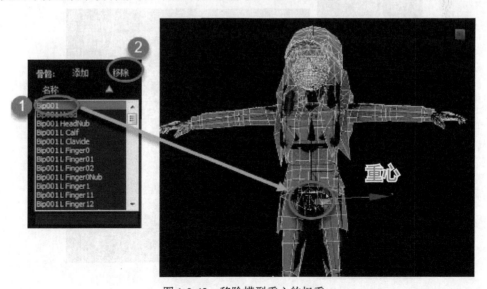

图 1-2-42 移除模型重心的权重

第 3 步：同理，人在动的时候，颈部是否具有权重对动画效果没有太大的影响，因此颈部的权重也是可以移除的，如图 1-2-43 所示。

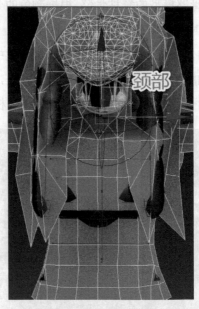

图 1-2-43　移除模型颈部的权重

第 4 步：在"参数"卷展栏的"选择"参数组中勾选"顶点"复选框就可以进入点层级调节权重，如图 1-2-44 所示。之后，结合人体力学及后续的动画设定对骨骼权重分布进行调节。

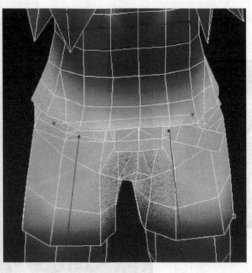

图 1-2-44　勾选"顶点"复选框

对点层级权重进行调节的方式有两种：一是打开"权重工具"对话框，适合大面积地对点层级权重进行调节；二是打开"蒙皮权重表"窗口，适合在细节上对点层级权重进行调节。

1.2.5　设定动画

第 1 步：退出骨骼的"体形模式"。

第 2 步：选择脚部骨骼，进入"自动关键帧"模式。如图 1-2-45 所示，为角色模型设置几个常见的姿势，观察关节处的扭曲程度，检测蒙皮情况。可以设置不同角度和幅度的姿势，以排除各种死角，便于后续调节权重。

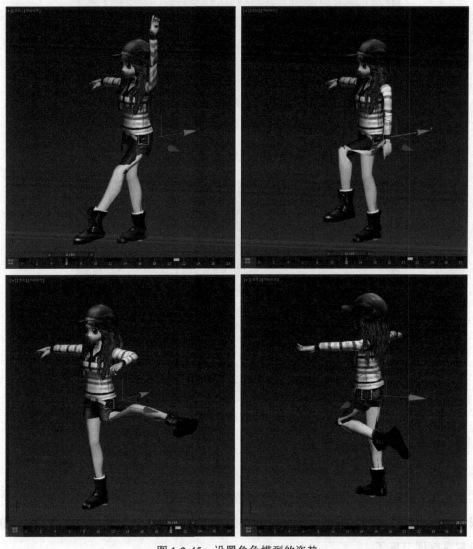

图 1-2-45　设置角色模型的姿势

1.2.6　细致调节权重

第 1 步：选择骨骼黑线，如图 1-2-46 所示，在"权重工具"对话框中设置权重数值，再结合"混合"功能融合平局点权重，实现脚掌的细致调节。一边调节权重，一边移动时间滑块，反复查看脚掌的姿态动作，调节到一个自然连贯的状态。

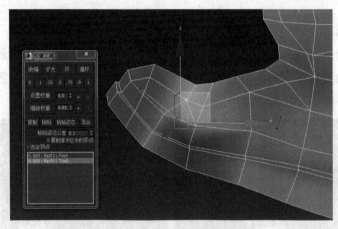

图 1-2-46　细致调节脚掌的权重

第 2 步：运用同样的方法实现脚踝的细致调节，如图 1-2-47 所示。

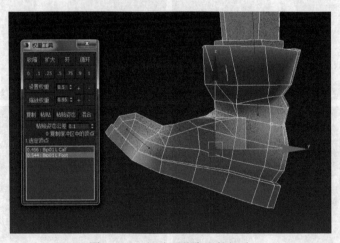

图 1-2-47　细致调节脚踝的权重

第 3 步：实现腿部权重的细致调节，包括小腿和膝关节，如图 1-2-48 所示。

第 4 步：实现胯部权重的细致调节，包括臀部和裆部，如图 1-2-49 所示。

第 5 步：反复检查该侧从脚掌到胯部的姿态动作，确认达到满意的效果之后，在"镜像模式"下，将该侧的效果粘贴至另一侧，如图 1-2-50 所示。至此，整个角色模型的下半身权重就调节好了。

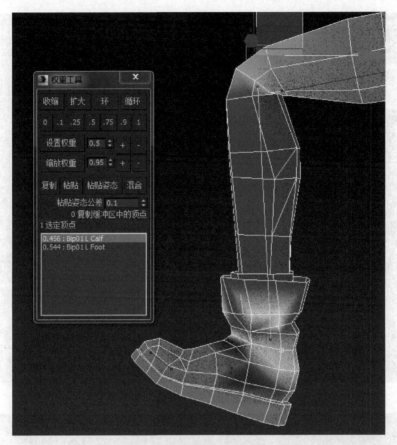

图 1-2-48　细致调节小腿和膝关节的权重

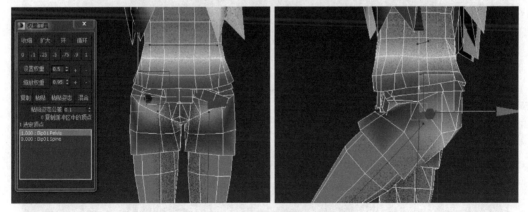

图 1-2-49　细致调节胯部的权重

　　第 6 步：选定一侧的手掌进行权重的细致调节，如图 1-2-51 所示。手掌的关节较多，因此应尽可能多角度观察每个关节的弯曲动作，调节权重，使蒙皮效果过渡自然。

　　第 7 步：实现同侧手臂到肩部权重的细致调节，重点注意腕关节、肘关节及肩关节，如图 1-2-52 所示。

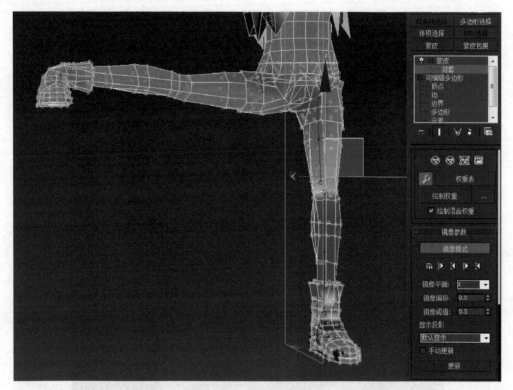

图 1-2-50　镜像粘贴权重

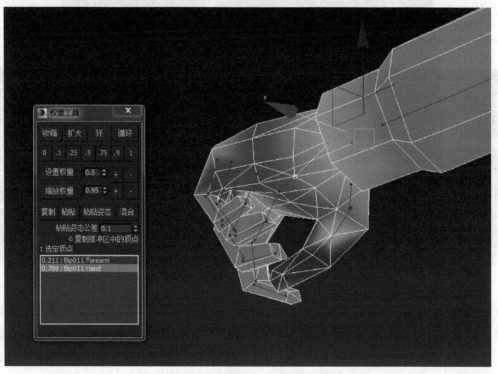

图 1-2-51　细致调节手掌的权重

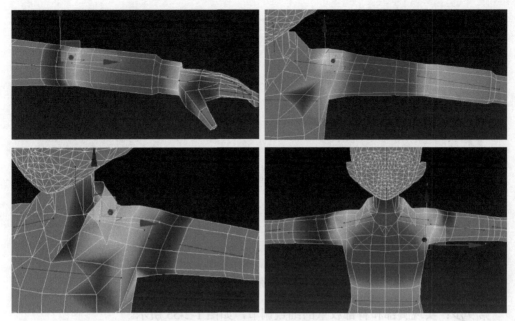

图 1-2-52　细致调节手臂到肩部的权重

　　第 8 步：实现头部和颈部权重的细致调节，如图 1-2-53 所示。在调节权重的过程中，如果发现骨骼模型的位置和大小不合适，可以随时进行微调，如图 1-2-54 所示。

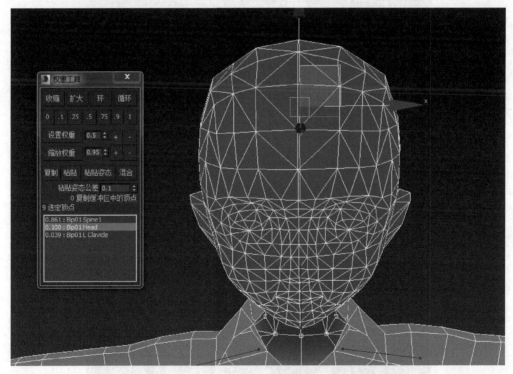

图 1-2-53　细致调节头部和颈部的权重

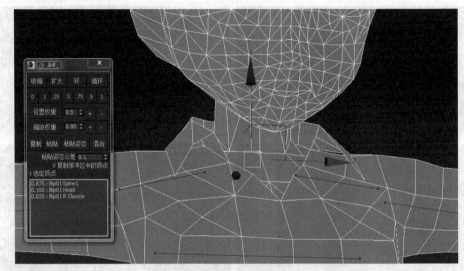

图 1-2-54　微调骨骼模型

第 9 步：实现胸部和背部权重的细致调节，如图 1-2-55 所示。

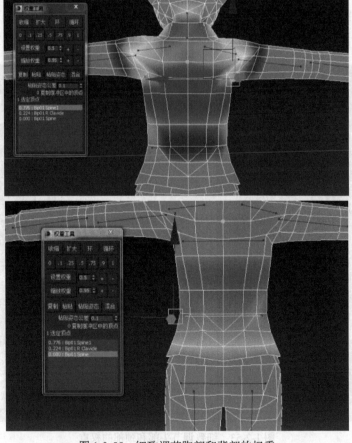

图 1-2-55　细致调节胸部和背部的权重

第 10 步：让角色模型摆出各种姿态动作，逐一检查已调节的这一侧的各个部位，观察蒙皮效果，移除多余的点，微调权重，使姿态动作看起来自然、流畅，如图 1-2-56 所示。

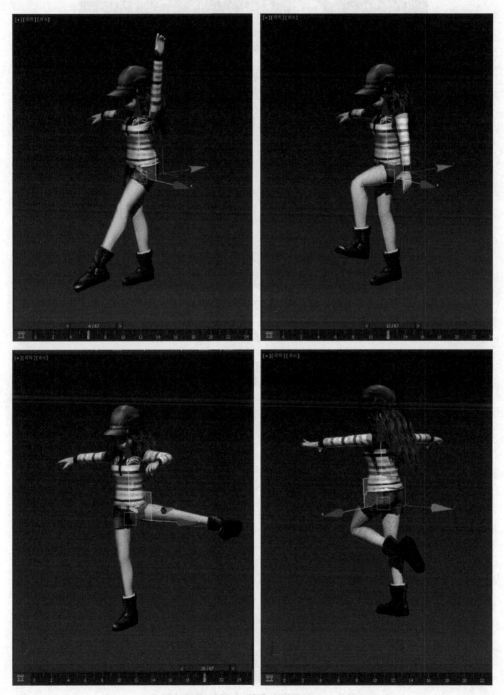

图 1-2-56　检查各个部位

第 11 步：在"镜像模式"下，将从头到脚已完全调节好的一侧的效果镜像粘贴至另一侧，如图 1-2-57 所示。

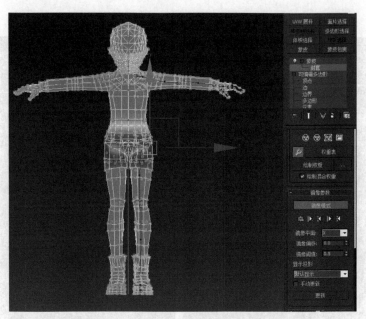

图 1-2-57　将已调节好的一侧镜像粘贴至另一侧

第 12 步：调节一侧的头发及帽子的权重，如图 1-2-58 所示。

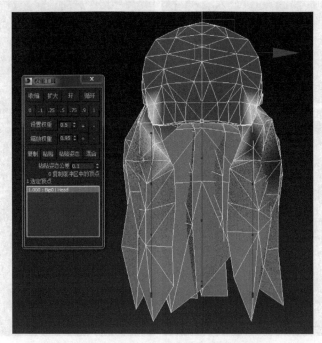

图 1-2-58　调节一侧的头发及帽子的权重

第 13 步：将已调节好的一侧头发的效果镜像粘贴至另一侧，如图 1-2-59 所示。

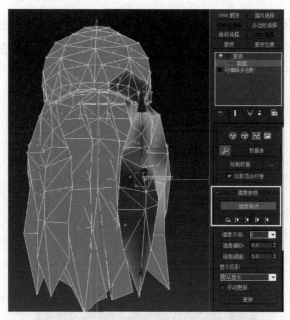

图 1-2-59　将已调节好的一侧头发的效果镜像粘贴至另一侧

第 14 步：检查此时整体的蒙皮效果，并对局部进行微调，至此完成了整个模型的权重调节，如图 1-2-60 所示。此时删除骨骼模型上的所有的关键帧，单击"体形模式"按钮，再一次单击退出"体形模式"命令，角色模型就回到刚开始匹配骨骼模型时的姿势。

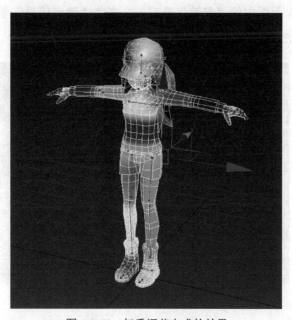

图 1-2-60　权重调节完成的效果

1.2.7　制作行走动画

完成对人物角色模型的骨骼绑定及蒙皮之后，下面制作人物角色模型行走动画。

第 1 步：单击"自动关键点"按钮，选中模型重心，对模型所在的位置进行设置，确保其 X 轴的坐标为 0，如图 1-2-61 所示。

图 1-2-61　调整模型所在位置

第 2 步：可以在工具栏的"选择过滤器"中将选择对象设置为"骨骼"，选择左脚掌骨骼，打开"运动"面板中的"参数"选项卡，在"关键点信息"卷展栏中单击"滑动关键帧"按钮，为左脚掌设置滑动关键帧，如图 1-2-62 所示。

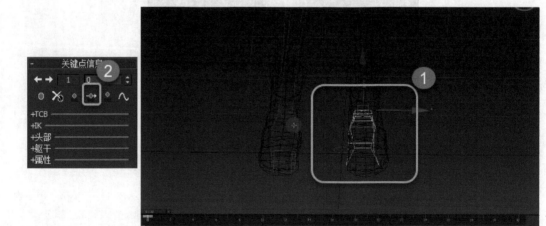

图 1-2-62　为左脚掌设置滑动关键帧

第 3 步：选中角色模型的左腿，创建一个姿态，并将该姿态复制到右腿上，如

图 1-2-63 所示。运用同样的方法为右脚掌设置滑动关键帧。完成以上设置之后，无论如何移动角色模型的重心，角色模型的脚掌都是紧贴地面的，这是后续制作行走动画的关键，如图 1-2-64 所示。

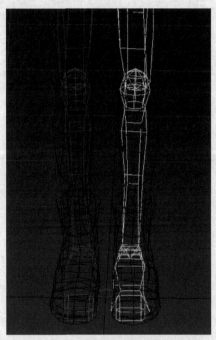

图 1-2-63　将姿态复制到右腿上

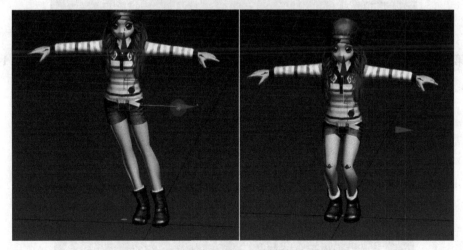

图 1-2-64　对脚掌设置滑动关键帧之后的效果

第 4 步：在右视图中，选中骨骼模型的重心，单击"轨迹选择"卷展栏中的"躯干垂直"按钮，使用"位移"工具可以使角色完成半蹲的动作，如图 1-2-65 所示，然后为角色模型做一个行走的预备姿势。

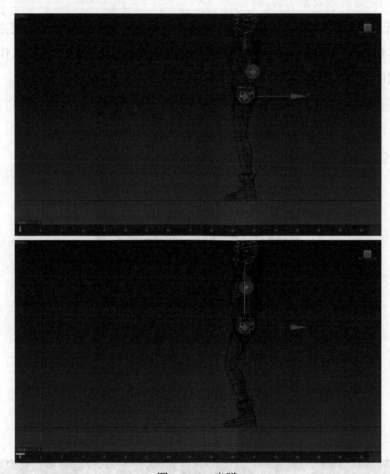

图 1-2-65　半蹲

第 5 步：选择左脚掌骨骼，使用"移动"工具使其向前移动，形成迈步动作，如图 1-2-66 所示。

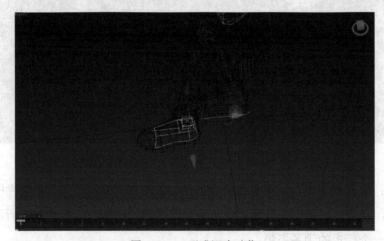

图 1-2-66　形成迈步动作

第 6 步：选择右脚掌骨骼，向后移动，膝盖微曲，脚尖蹬地，如图 1-2-67 所示。

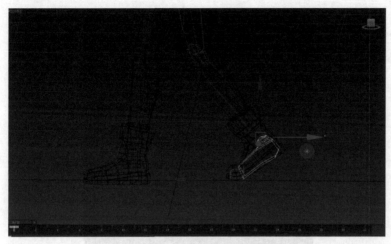

图 1-2-67　右脚掌脚尖蹬地

第 7 步：如图 1-2-68 所示，选中腿部骨骼，复制姿态，将时间滑块移动到第 32 帧位置，粘贴姿态，再将时间滑块移动到第 16 帧位置，将姿态对称粘贴在此。播放动画，可以看到比较机械的原地行走效果。

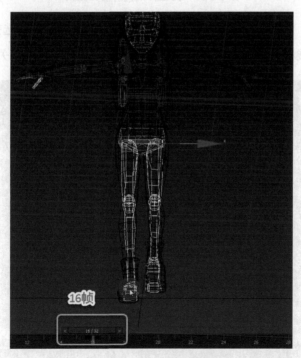

图 1-2-68　将姿态对称粘贴

第 8 步：如图 1-2-69 所示，当时间滑块位于第 16 帧位置时，选择左脚尖骨骼，在

"关键点信息"卷展栏中单击"滑动关键帧"按钮，为左脚设置滑动关键帧。

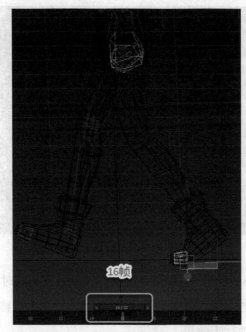

图 1-2-69　为左脚设置滑动关键帧

第 9 步：如图 1-2-70 所示，将时间滑块移动到第 32 帧位置，选择右脚尖骨骼，在 "关键点信息"卷展栏中单击"滑动关键帧"按钮，为右脚设置滑动关键帧。

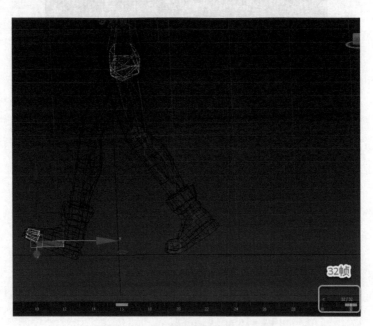

图 1-2-70　为右脚设置滑动关键帧

　　第 10 步：复制前面设置好的关键帧，再将时间滑块移动到第 4 帧位置，选中骨骼重心，单击"轨迹选择"卷展栏中的 "躯干垂直"按钮，使用"位移"工具使重心下降，如图 1-2-71 所示。

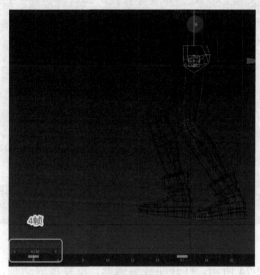

图 1-2-71　调整第 4 帧位置的重心

　　第 11 步：将时间滑块移动到第 12 帧位置，使用"位移"工具使重心上升，如图 1-2-72 所示。

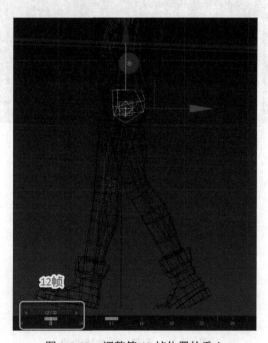

图 1-2-72　调整第 12 帧位置的重心

第 12 步：复制前两个步骤中设置的第 4 帧和第 16 帧位置的关键帧，并粘贴至第 20 帧位置，如图 1-2-73 所示。

图 1-2-73　粘贴关键帧

第 13 步：如图 1-2-74 所示，打开曲线编辑器，反复播放动画，调节运动轨迹曲线，以调整动画节奏。

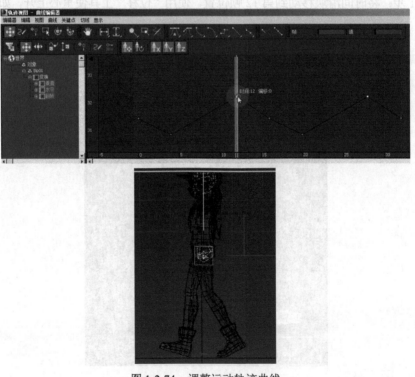

图 1-2-74　调整运动轨迹曲线

第14步：使用"移动"和"旋转"工具调整左脚掌骨骼，使其落地且离地姿态连贯流畅，所设置的关键帧如图 1-2-75 所示。对于脚掌落地时的不连贯姿态，可以在"关键点信息"卷展栏中单击"轨迹"按钮，通过调节 TCB 中的参数进行调整。

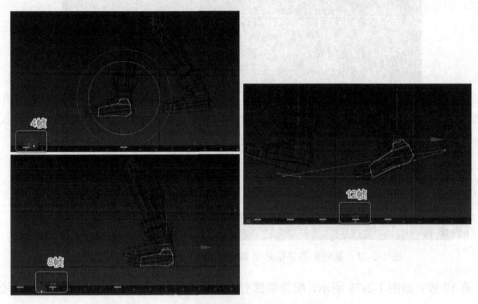

图 1-2-75　调整左脚掌骨骼

第15步：参考调整左脚掌骨骼的调整方法，对右脚掌骨骼进行调整，所设置的关键帧如图 1-2-76 所示。

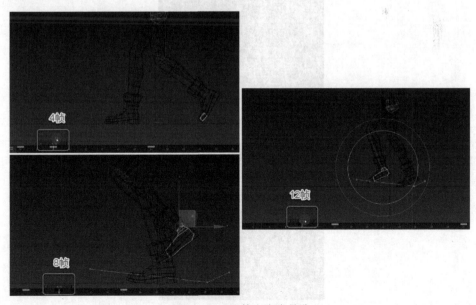

图 1-2-76　调整右脚掌骨骼

第 16 步：如图 1-2-77 所示，选中左腿和右腿的整个骨骼，依次将第 4 帧、第 8 帧及第 12 帧位置的角色姿态复制粘贴至第 20 帧、第 24 帧及第 28 帧位置。

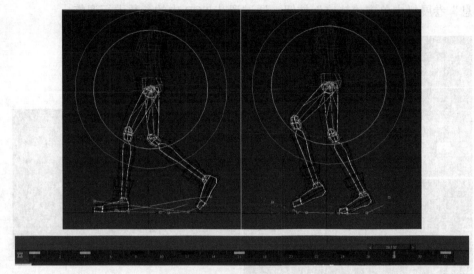

图 1-2-77　复制姿态并粘贴至第 20 帧、第 24 帧及第 28 帧位置

第 17 步：如图 1-2-78 所示，配合腿部行走的动作，调整重心，左脚掌落地则重心偏左，右脚掌落地则重心偏右，使角色在行走时能产生轻微左右偏移的效果，这样会更真实。

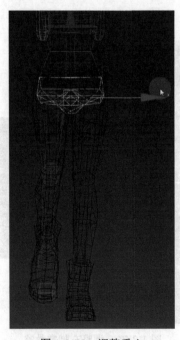

图 1-2-78　调整重心

第 18 步：选中臀部的骨骼，观察动画，使用"旋转"工具进行旋转，并添加关键帧，如图 1-2-79 所示，使角色行走时臀部会随之扭动。

图 1-2-79　旋转臀部骨骼

第 19 步：运用同样的方法选中腰部的骨骼，使用"旋转"工具进行旋转，并添加关键帧，如图 1-2-80 所示。需要注意的是，腰部的扭动幅度比臀部小。可以通过曲线编辑器比较腰部骨骼与臀部骨骼的运动轨迹，在播放动画时对运动轨迹进行调整。

第 20 步：选中胸部骨骼，使用"旋转"工具进行旋转，并添加关键帧，如图 1-2-81 所示。需要注意的是，胸部骨骼的旋转方向与臀部骨骼的旋转方向是相反的。

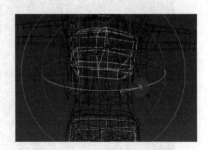

图 1-2-80　旋转腰部骨骼　　　　　图 1-2-81　旋转胸部骨骼

第 21 步：如图 1-2-82 所示，反复播放动画，对角色模型行走时的整体姿态动作进行观察，综合调整臀部、腰部、胸部相应部位的骨骼，直到自然、流畅，并且符合人体力学。

第 22 步：如图 1-2-83 所示，调整左手手掌骨骼，使手掌呈现出一种松弛的状态。之后，将左手手掌的姿态复制到右手手掌。

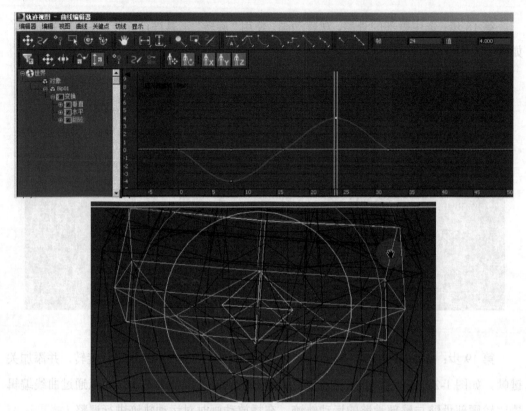

图 1-2-82　综合调整臀部、腰部、胸部相应部位的骨骼

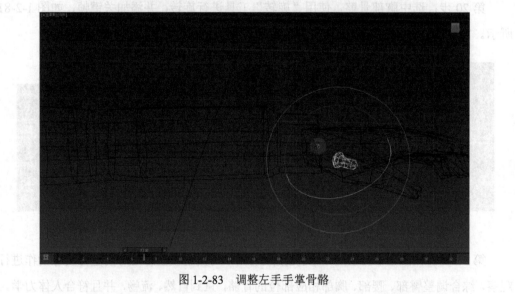

图 1-2-83　调整左手手掌骨骼

第 23 步：如图 1-2-84 所示，当时间滑块在第 0 帧位置时，设置关键帧，选择左手上臂骨骼，使用"旋转"工具旋转手臂骨骼，使左手臂向后挥动。此时需要同步调整左手下臂、手腕及左肩，使手臂挥动自然。

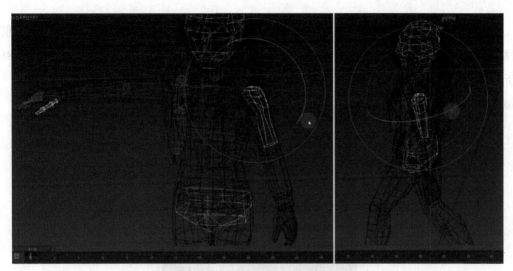

图 1-2-84　左手上臂带动左手臂向后挥动

第 24 步：如图 1-2-85 所示，当时间滑块在第 16 帧位置时，设置关键帧，操作方法同上，只是此时左手臂应向前挥动。

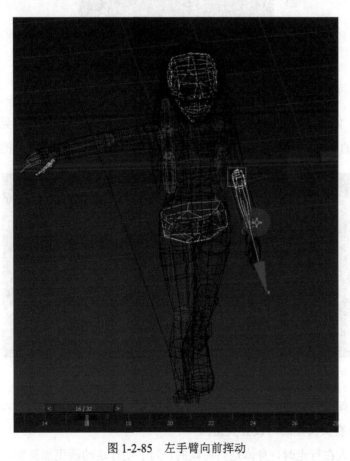

图 1-2-85　左手臂向前挥动

第 25 步：选中左手臂骨骼，将其姿态复制到右手臂，需要注意的是，当左手臂向前挥动时，右手臂应向后挥动；当左手臂向后挥动时，右手臂应向前挥动，如图 1-2-86 所示。

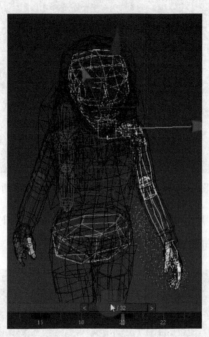

图 1-2-86　将左手臂的姿态复制到右手臂

第 26 步：如图 1-2-87 所示，选中头部骨骼，根据女性行走时头部晃动幅度较小的特点调整头部的姿态，减少左右偏移量，增加轻微的旋转动作，设置关键帧。

图 1-2-87　调整头部的姿态

第 27 步：如图 1-2-88 所示，选中头发骨骼，结合女性行走时头发甩动的特点，使用"旋转"工具调整头发骨骼，设置关键点。

第 28 步：人在行走时，身体是向前倾的，为了使行走动画更加真实，如图 1-2-89 所示，选中盆骨骨骼，使用"旋转"工具使身体稍稍前倾，设置关键点。

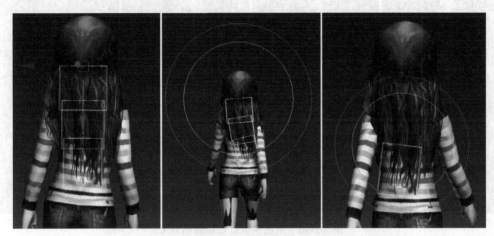

图 1-2-88 调整头部姿态

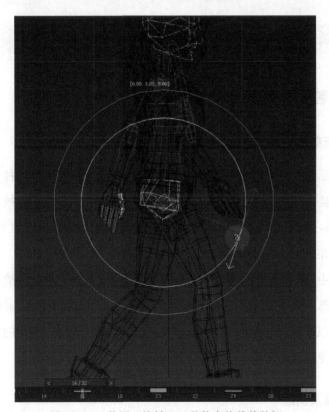

图 1-2-89 使用"旋转"工具使身体稍稍前倾

第 29 步：反复播放动画，从多个角度观察行走动画效果，如果动作不连贯或不符合人体力学的要求，就需要对骨骼模型进行微调。至此，角色模型行走动画的制作基本完成，效果如图 1-2-90 所示。

图 1-2-90　角色模型行走动画的效果

1.3　制作三维特效

1.3.1　Unity 粒子系统

1. 粒子系统概述

粒子系统表示在三维计算机图形学中模拟一些特定的模糊现象的技术，而这些现象用其他传统的渲染技术难以实现真实感的物理运动规律。使用粒子系统不仅可以模拟自然现象（如烟花、爆炸、火花、水流、落叶、云雾、飞雪、雨水、流星等），还可以模拟发光轨迹、空间扭曲等一些抽象视觉效果。

在游戏开发中，粒子系统往往是最有趣的模块。粒子系统不是一种简单的静态系统，其中的粒子会随着时间不断地变形和运动，同时自动生成新的粒子，并销毁旧的粒子，基于这一原理可以表现出与烟、雨、水、雾、火焰和流星等现象类似的特效。粒子特效往往能够起到画龙点睛的作用，这些特效能够提高游戏的可观赏性。

2. 粒子界面及创建

Unity 支持粒子系统，粒子系统在 Unity 开发平台中可以很方便地使用，下面在 Unity 2018 中创建一个粒子系统。

1）新建粒子系统

打开 Unity 2018，执行 GameObject→Effects→Particle System 命令，创建一个粒子系统，如图 1-3-1 所示。

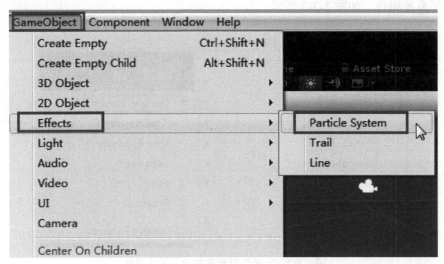

图 1-3-1　创建一个粒子系统

初始粒子系统界面如图 1-3-2 所示。在粒子动画中可以看到有许多白色的球冒上来，这些白色的球就是系统中的粒子，它们从一个点产生出来，具有向上的加速度。这些粒子分布在一个锥形区域中，运动一段时间后就会消失，在 Scene 视图的右下角有一个控制粒子系统播放、暂停等功能的面板。

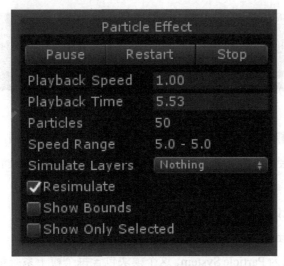

图 1-3-2　初始粒子系统界面

2）组件粒子系统

粒子系统在 Unity 中还可以充当一种组件（Component）附加在其他对象上。先导入一个模型，选中模型对象，执行 Component→Effects→Particle System 命令，为模型对象添加粒子系统组件，如图 1-3-3 所示。

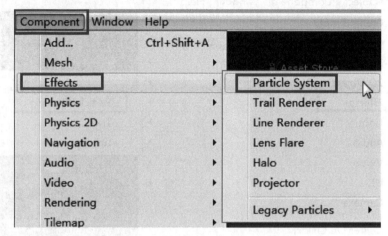

图 1-3-3　为模型对象添加粒子系统组件

3. 粒子系统参数

粒子系统比较复杂，包含很多属性和参数。但是初始的粒子系统并没有使用太多模块（Module），在一般情况下，调节粒子系统中 4 个默认勾选的模块即可，分别是 Particle System、Emission、Shape 和 Renderer，如图 1-3-4 所示。

图 1-3-4　Unity 2018 粒子系统默认模块

如果要显示所有模块，单击 Particle System 右边的"加号"按钮，然后单击 Show All Modules 按钮，此时会展示所有的模块（见图 1-3-5），用户也可以灵活定义要选择展示的模块。

下面对粒子系统的部分模块及其属性进行介绍。

1）Particle System

默认模块被标记为 Particle System，这个模块包含每个粒子系统都需要的所有特定的信息，如图 1-3-6 所示。

图 1-3-5　Unity 2018 粒子系统的所有模块

Particle System		
Duration	5.00	
Looping	✓	
Prewarm		
Start Delay	0	
Start Lifetime	5	
Start Speed	5	
3D Start Size		
Start Size	1	
3D Start Rotation		
Start Rotation	0	
Flip Rotation	0	
Start Color		
Gravity Modifier	0	
Simulation Space	Local	
Simulation Speed	1	
Delta Time	Scaled	
Scaling Mode	Local	
Play On Awake*	✓	
Emitter Velocity	Rigidbody	
Max Particles	1000	
Auto Random Seed	✓	
Stop Action	None	

图 1-3-6　Particle System 模块

Particle System 模块中一些基本属性的含义如表 1-3-1 所示。

表 1-3-1　Particle System 模块中一些基本属性的含义

属　　性	描　　述
Duration（持续时间）	就是这个点发射粒子的时间，时间到了以后这个点就不再发射粒子
Looping（循环）	可以确定在 Duration（持续时间）到达时，粒子系统是否循环运行
Prewarm（预热）	如果勾选了 Prewarm 复选框，粒子系统在开始运行时，就好像已经从前一个周期中发射了粒子一样
Start Delay（开始延迟）	当粒子系统启动后，粒子不会立即发射，而是会经过一段 Start Delay 再开始发射
Start Lifetime（粒子的生命周期）	一个粒子从发射出来开始计时，当到达存活时间时，粒子就会被消灭
Start Speed（初始速度）	粒子的初始速度
3D Start Size（粒子大小）	如果不勾选该复选框，则通过下面的 Start Size 的值等比例缩放粒子；如果勾选该复选框，则可以设置各自 x 轴、y 轴、z 轴的缩放比例
Start Rotation（初始旋转值）	粒子的初始旋转角度
Start Color（初始颜色）	可以设置为多种模式，默认模式为 Color，单一颜色，后面依次为渐变、两种颜色之间的随机色、两种渐变色之间的随机色、随机色
Gravity Modifier（重力模拟器）	可以设置重力的大小和方向，值为正时重力向下，值为负时重力向上，绝对值越大，重力的效果越明显
Simulation Space（发射坐标）	确定是在本地空间还是在游戏世界空间中模拟粒子，有 3 个参数可供选择，分别是 Local（默认）、World 和 Custom

有些基本属性的含义从字面上比较容易理解，如 Play On Awake 代表的是打开就自动播放，因此本节不再一一展开介绍。

2）Emission

Emission 模块用于确定发射粒子的喷射特性，使用这个模块可以指定粒子是以恒定的速率或脉冲方式还是以二者之间的某种方式流出。Emission 模块中包含 Rate 和 Bursts 这 2 个主要属性，其中 Rate 又包含 Rate over Time 和 Rate over Distance 这 2 个属性，如图 1-3-7 所示。

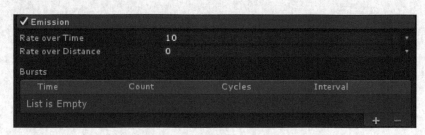

图 1-3-7　Emission 模块

Rate over Time：在一段时间内喷射的粒子数。

Rate over Distance：可以选择以时间为标准定义每秒的喷射次数，也可以选择以距离为标准定义每个单位长度所喷射的粒子个数。

Bursts：在某个特定时间内喷射一定数量的粒子，使用这个属性可以轻松地实现爆炸特效。单击该属性右下角的"加号"按钮可以添加一个预设参数，参数 Time 表示粒子的喷射时间，参数 Particles 表示瞬间喷射的粒子数目。这说明 Bursts 属性只有在 Rate 属性以时间为基准时才有效。

3）Shape

Shape 模块用于设置粒子发射范围的形状，如锥形、球形、方形等。在锥形中不仅可以设置锥形的角度、半径、母线长度等属性，还可以设置位置、旋转、缩放等基本属性，如图 1-3-8 所示。粒子系统的形态既可以是系统自带的球体状、立方体或半球体，也可以由开发者自行设定，这样就为开发者提供了一个灵活的开发环境。

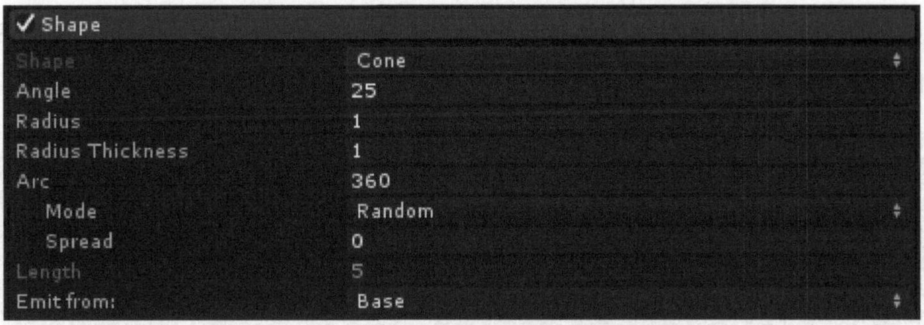

图 1-3-8　Shape 模块

4）Velocity over Lifetime

Velocity over Lifetime 模块通过对每个粒子应用 X 轴、Y 轴和 Z 轴速度，直接制作每个粒子的动画。Velocity over Lifetime 模块决定了粒子在生命周期内的速度偏移量，并且对其中的参数进行修改，可以使粒子在粒子系统自身或世界坐标轴的 X 轴、Y 轴和 Z 轴拥有一个速度，从而实现粒子系统的速度偏移，如图 1-3-9 所示。

图 1-3-9　Velocity over Lifetime 模块

X 轴、Y 轴、Z 轴的 3 个参数分别为粒子系统在 X 轴、Y 轴和 Z 轴方向的速度。Space 属性中有 2 个可供选择的参数，分别为 Local 和 World。其中，Local 为粒子系统自身坐标轴，World 为世界坐标轴。

5）Limit Velocity over Lifetime

Limit Velocity over Lifetime 模块可用于抑制或固定粒子的速度，它将阻止粒子超过某条轴或所有轴上的速度阈值，或者降低它们的速度。Separate Axes 的含义是限制速度是否区分不同轴向。当勾选 Separate Axes 复选框时，可以在下面的 X、Y、Z 文本框中输入各自的轴向限制速度，如图 1-3-10 所示。

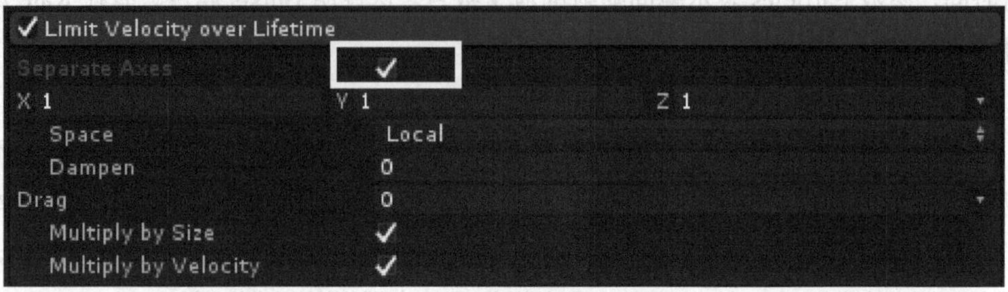

图 1-3-10 勾选 Separate Axes 复选框时的 Limit Velocity over Lifetime 模块

如果不勾选 Separate Axes 复选框，则会出现 Speed 属性替代 X、Y、Z 轴向和 Space 属性的情况，如图 1-3-11 所示。

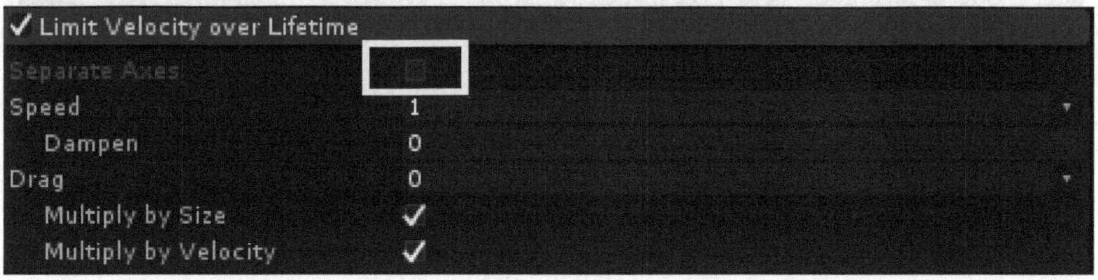

图 1-3-11 未勾选 Separate Axes 复选框时的 Limit Velocity over Lifetime 模块

Space（空间坐标系）：当勾选 Separate Axes 复选框时，在此处选择轴向，分别为 Local 和 World。

Speed（上限速度）：当取消勾选 Separate Axes 复选框时，该选项用来设置整体限制速度。

Dampen（阻尼）：当粒子速度超过上限时对粒子的减速程度，取值为 0～1。

6）Inherit Velocity

Inherit Velocity 模块用于控制粒子速度随着时间的推移如何移动父对象，如图 1-3-12 所示。

图 1-3-12 Inherit Velocity 模块

Mode：有 2 个选项，分别为 Initial 和 Current。Initial 是指当每个粒子诞生时，发射器的速度将被施加一次，粒子诞生后，发射器速度的任何变化都不会影响粒子。Current 是指发射器的当前速度将被应用于每帧的所有粒子。例如，如果发射器减速，则所有的粒子也将减速。

Multiplier：粒子应该继承的发射器速度的比例。

7）Force over Lifetime

Force over Lifetime 模块与 Velocity over Lifetime 模块类似，只不过 Force over Lifetime 模块将给每个粒子应用一个力，而不是一个速度，如一个烟雾粒子系统受到风或地心引力的作用力会产生偏移。Force over Lifetime 模块如图 1-3-13 所示。

图 1-3-13　Force over Lifetime 模块

参数 X、Y、Z 分别表示粒子系统在不同轴向的受力大小。

Space（空间坐标系）：表示粒子受力应用的坐标轴，有 2 个可供选择的选项，分别为 Local 和 World。

Randomize（随机数生成器）：当勾选该复选框时，粒子将受到随机产生的力的影响，包括力的大小和方向。

8）Color over Lifetime

Color over Lifetime 模块允许随着时间的流逝更改粒子的颜色，要使用这个模块，必须指定一种颜色渐变，也可以指定两种颜色渐变，并使 Unity 在它们之间随机挑选一种颜色。可以使用 Unity 的渐变编辑器编辑渐变，单击 Color 颜色条框即可弹出 Gradient Editor（渐变编辑器），如图 1-3-14 所示。

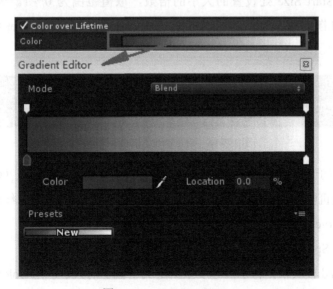

图 1-3-14　Gradient Editor

生命周期内的颜色决定了粒子在生命周期内的颜色变化。当勾选 Color over Lifetime 复选框时，此处设置的颜色与 Particle System 模块中的 Start Color 处设置的颜色重叠，可以将两者分别设置并观看效果，也可以将两者综合使用。如要分别查看效果，则将另一处设置成白色即可单独设置，然后进行观察。

另外，渐变的颜色将与默认模块中的 Start Color 属性进行复合，这意味着如果起始颜色是黑色，那么这个模块将不起作用。

9）Color by Speed

Color by Speed 可以使粒子的颜色随着粒子的速度发生变化，此处设置的颜色与 Particle System 模块中 Start Color 处的颜色和 Color over Lifetime 模块设置的颜色重叠。Color by Speed 模块如图 1-3-15 所示。

图 1-3-15　Color by Speed 模块

Color：可以单击右侧的倒三角按钮设置颜色梯度变化，变化方式有 2 种（与生命周期内的颜色相同）。

Speed Range：决定发生颜色变化的速度范围，取值范围为 0～1。

10）Size over Lifetime

Size over Lifetime 模块允许指定粒子的大小发生变化，此处粒子的大小是 Particle System 模块中 Start Size 处设置的大小的倍数，取值范围为 0～1。大小值必须是一条曲线，并且将指定随着时间的消逝粒子是增大还是收缩。Size over Lifetime 模块如图 1-3-16 所示。

图 1-3-16　Size over Lifetime 模块

参数 Size 用于控制粒子的大小，默认给出的大小变化方式是曲线（Curve），此外还有 2 个常量间随机（Random Between Two Constants）变化方式和 2 条曲线间随机（Random Between Two Curves）变化方式。

11）Size by Speed

Size by Speed 模块根据粒子的速度重新定义了粒子的大小，与 Color by Speed 模块非常像。Size by Speed 模块将基于粒子的速度（在最小值和最大值之间的速度值）更改它的大小，如图 1-3-17 所示。

图 1-3-17　Size by Speed 模块

12）Rotation over Lifetime

Rotation over Lifetime 模块允许指定粒子生命周期内的旋转角度，这里的旋转是粒子本身的旋转，而不是世界坐标系统中的曲线的旋转。如果粒子是一个平面圆形，则看不到旋转的效果，除非粒子具有一些细节。Rotation over Lifetime 模块如图 1-3-18 所示。

图 1-3-18　Rotation over Lifetime 属性面板

Angular Velocity：包含 4 种选择方式，分别为固定值（Constant）、曲线变化（Curve）、2 个固定值间随机变化（Random Between Two Constants）和 2 条曲线间随机变化（Random Between Two Curves）。当选择固定值（Constant）时，在参数中输入一个数值，粒子会按照这个数值在生命周期内旋转。其他 3 种方式与前面模块中的属性一样，在这里不再介绍。

13）Rotation by Speed

Rotation by Speed 模块与 Rotation Over Lifetime 模块相似，只不过它基于粒子的速度改变值。Rotation by Speed 模块包含 Angular Velocity（角速度）和 Speed Range（速度范围）这 2 个属性，如图 1-3-19 所示。

图 1-3-19　Rotation by Speed 模块

14）External Forces

External Forces 模块允许对存在于粒子外部的任何力应用一个系数，如场景中可能存在的任何风力，外部作用力属性重新定义了粒子系统的风域属性。参数 Multiplier 为风域的倍增系数，如图 1-3-20 所示。

图 1-3-20　External Forces 模块

15）Collision

Collision 模块可以为粒子系统中的每个粒子添加碰撞效果，这种碰撞检测的效率非常高。有 2 种碰撞形式可供选择，分别为 Planes 和 World。

当选择 Planes 选项时，开发者可以指定一个或多个物体与粒子系统发生碰撞，指定的物体可以是任意对象，如图 1-3-21 所示。

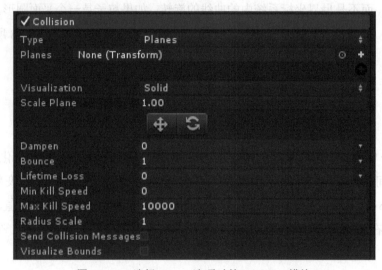

图 1-3-21　选择 Planes 选项时的 Collision 模块

Planes：可以指定与粒子系统发生碰撞的物体。单击右侧白色的"加号"按钮可以创建一个空对象，并且将碰撞平面挂载到碰撞平面属性中，单击白色"加号"按钮下方的黑色"加号"按钮可以增加碰撞平面对象，使用此项功能可以指定多个平面与粒子系统发生碰撞检测。

Visualization：包含 2 种显示方式，分别为 Solid（立体）和 Grid（网格）。

Scale Plane：决定可视化平面的尺寸，参数是与粒子系统范围的比值。

Dampen：决定粒子经过一次碰撞后的速度损失比例，取值范围为 0～1。

Bounce：决定粒子经过一次碰撞后再次弹起时的速度比例，取值范围为 0～2。

Lifetime Loss：决定粒子经过碰撞后生命周期的损失比例，取值范围为 0～1。

Min Kill Speed：当粒子的速度减小为此速度或小于此速度时将此粒子清除，取值越大粒子消失得越快。

Max Kill Speed：当速度大于 10 000 时，粒子消失。

Radius Scale：粒子系统与碰撞平面发生碰撞后的有效距离，主要是为了避免粒子系统与碰撞平面的剪裁问题。

Send Collision Messages：当勾选此复选框时，粒子系统与碰撞平面发生的碰撞检测可以被脚本中的 OnParticleCollision 方法检测到。

Visualize Bounds：显示虚拟碰撞体积。

当选择 World 选项时，不需要开发者指定与粒子系统发生碰撞的物体，粒子会与场景中所有的游戏对象发生碰撞，如图 1-3-22 所示。

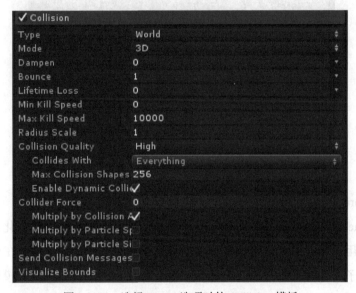

图 1-3-22　选择 World 选项时的 Collision 模板

Collision Quality：决定物体与粒子系统发生碰撞的概率大小，在可展开列表中包括 High（高质量）、Medium（中等质量）和 Low（低质量）选项。质量越高发生碰撞的概率就越大。

Collides With：决定可以与粒子系统发生碰撞的层，在可展开列表中选择需要与粒子系统发生碰撞的层。

Collider Force：在粒子碰撞后对物理碰撞体施力。这对于用粒子推动碰撞体很有用。

Multiply by Collision Angle：向碰撞体施力时，根据粒子与碰撞体之间的碰撞角度来缩放力的强度。掠射角将比正面碰撞产生更小的力。

Multiply by Particle Speed：向碰撞体施力时，根据粒子的速度来缩放力的强度。快速移动的粒子会比较慢的粒子产生更大的力。

Multiply by Particle Size：向碰撞体施力时，根据粒子的大小来缩放力的强度。较大的粒子会比较小的粒子产生更大的力。

其他属性与选择 Planes 选项时的含义相同，这里不再重复介绍。

16) Sub Emitters

Sub Emitter 是一个功能极其强大的模块，能够在某些事件中为当前系统的每个粒子再创建一个新的粒子系统，当创建粒子，或者粒子死亡或发生碰撞时，都可以创建一个新的粒子系统，可用于生成复杂的、难以理解的效果，如烟花效果等。Sub Emitters 模块如图 1-3-23 所示。

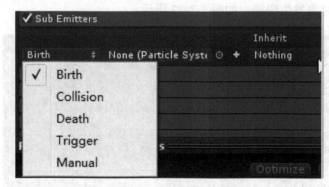

图 1-3-23　Sub Emitters 模块

17) Texture Sheet Animation

Texture Sheet Animation 模块可以将粒子在生命周期内的纹理图动态化，允许更改在粒子的寿命中用于粒子的纹理坐标，可以把用于一个粒子的多种纹理放在单独一幅图像中，然后在粒子的寿命内在它们之间进行切换。Texture Sheet Animation 模块如图 1-3-24 所示。

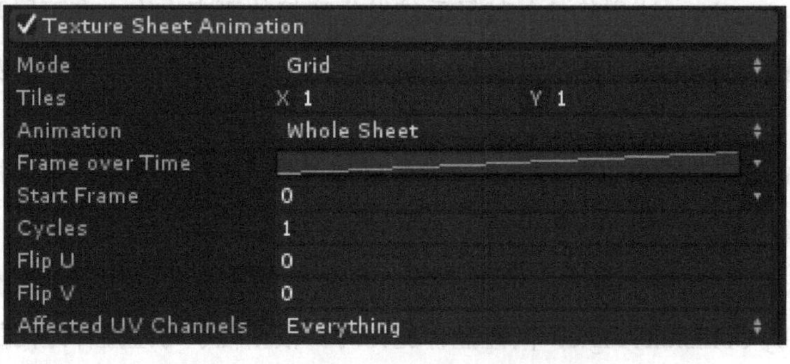

图 1-3-24　Texture Sheet Animation 模块

Tiles：定义纹理图的平铺尺寸，包括 X 和 Y 这 2 个平铺参数。

Animation：为纹理图指定动画类型，包含 Whole Sheet 和 Single Row 这 2 种方式。

Cycles：制定动画的速度决定动画的播放周期，周期越小速度越快。

18）Renderer

Renderer 模块定义了粒子系统中粒子的渲染特性，可以指定用于粒子的纹理及其他绘图属性，如图 1-3-25 所示。

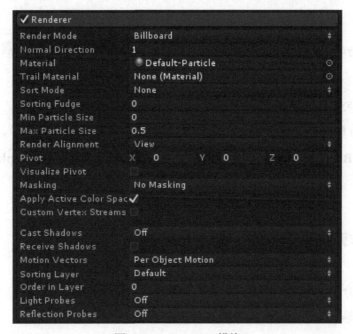

图 1-3-25　Renderer 模块

Render Mode：决定粒子的渲染模式，包含 Billboard（面板渲染）、Stretched Billboard（拉伸面板渲染）、Horizontal Billboard（水平面板渲染）、Vertical Billboard（垂直面板渲染）、Mesh（网格渲染）和 None 这几个选项。

Normal Direction：用于确定粒子在多大程度上面向摄像机，当值为 1 时，粒子将直接面向摄像机，当渲染模式为 Mesh 时不可用。

Material：用于绘制粒子的材质。

Sort Mode：排序模式是粒子产生不同优先级的依据，包括 None（空）、By Distance（依据距离）、Oldest in Front（生成时间最久置首）和 Youngest in Front（最新生成置首）这 4 种方式。

Sorting Fudge：决定粒子的排序偏差，较低的系数值会增加粒子系统的渲染覆盖其他游戏对象的相对概率。

Max Particle Size：决定粒子的最大尺寸，不用考虑其他位置设置的大小，即视口中的最大尺寸。

Cast Shadows：该属性用于确定粒子系统对其他不透明材质投射阴影的方式，只能是不透明的材质。

Receive Shadows：该属性用于确定粒子是否会接收阴影，只有不透明的材质才能投射阴影。

Sorting Layer：该属性决定粒子系统中不同层的显示顺序，可以在可展开列表中添加排序层。

Order in Layer：该属性决定每个排序层的渲染顺序。

Reflection Probes：该属性决定粒子的反射形式，包括 Off（关闭）、Blend Probes（混合探测）、Blend Probes And Sky Box（混合探测和天空盒）和 Simple（简单形式）这 4 种方式。

1.3.2 制作篝火火焰特效

本节主要介绍使用 Unity 粒子系统制作篝火火焰特效。

第 1 步，导入资源素材和参考模型，新建一个粒子系统。

打开 Unity 2018，导入火焰特效模型的资源素材，保存到 Project 面板的 Assets 文件夹中。

导入一个类似的火焰模型，以供后面制作参考。

选择 GameObject→Effects→Particle System 命令，新建一个粒子系统，如图 1-3-26 所示。

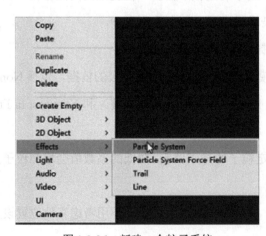

图 1-3-26　新建一个粒子系统

第2步：制作火焰主体。

去掉粒子的发射形状，将 Particle System 模块中的 Start Lifetime 和 Start Speed 设置为 Random Between Two Constants 方式，设定参数，然后设置生命周期和速度的随机值，如图 1-3-27 所示。

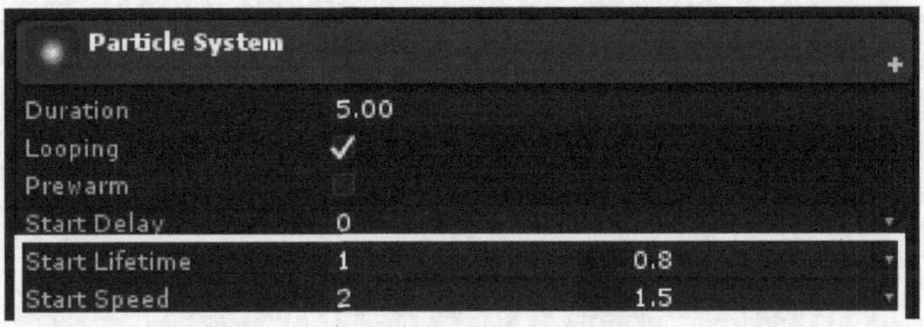

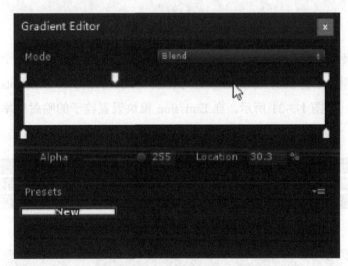

图 1-3-27　设置生命周期和速度的随机值

设置 Size over Lifetime 模块允许指定粒子大小的变化，指定粒子从大到小。设置 Color over Lifetime 模块，得到粒子颜色淡入淡出的效果，如图 1-3-28 所示。

图 1-3-28　淡入淡出效果的设置

在 Project 面板中选中 Assets 文件夹，选择 Material，复制一个材质，把材质放到粒子上，如图 1-3-29 所示。

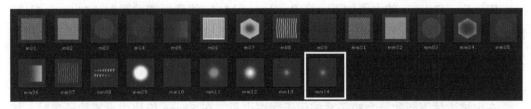

图 1-3-29　为粒子添加材质

在 Assets 文件夹中查看准备好的火焰主体贴图参数，为粒子更换贴图，如图 1-3-30 所示。

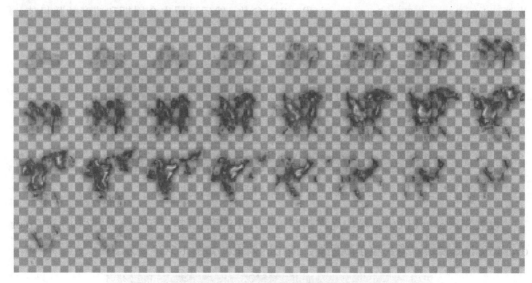

图 1-3-30　为粒子更换贴图

根据贴图尺寸，设置 Texture Sheet Animation 模块中 X 和 Y 这 2 个平铺参数。将 Particle System 模块中的 Start Rotation 设置为 Random Between Two Constants 方式，旋转角度设置为 360°，如图 1-3-31 所示。在 Emission 模块设置粒子的喷射频率，如图 1-3-32 所示。

图 1-3-31　设置旋转角度

图 1-3-32　设置粒子的喷射频率

Blending Options 的设置如下：将 Rendering Mode 渲染模式设置为 Additive，Color Mode 设置为 Multiply。在 Maps 中调整 HDR 参数，提高火焰的亮度。制作完成的火焰主体如图 1-3-33 所示。

第 3 步：制作火星。

在火焰主体下新建一个粒子系统用于制作火星。在 Shape 模块中设置粒子参数，将粒子半径调小，角度设置为 0，Emit from 设置为 Volume，Length 设置为 0.8，如图 1-3-34 所示。

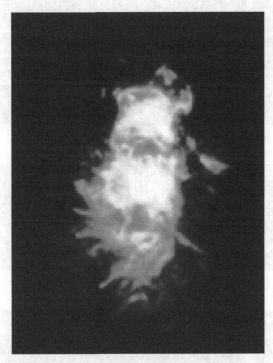

图 1-3-33　制作完成的火焰主体

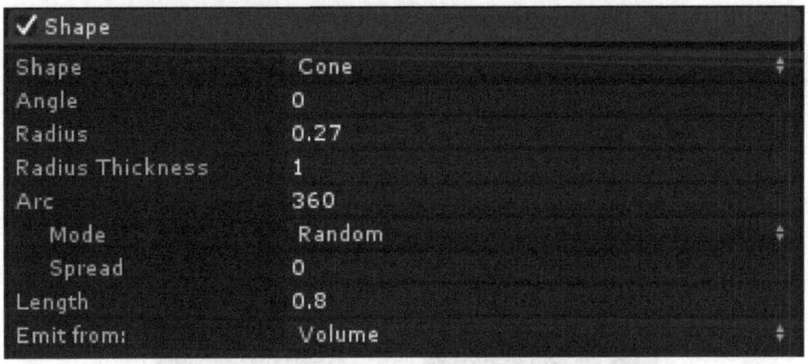

✓ Shape	
Shape	Cone
Angle	0
Radius	0.27
Radius Thickness	1
Arc	360
Mode	Random
Spread	0
Length	0.8
Emit from:	Volume

图 1-3-34　Shape 模块中的参数设置（一）

在 Particle System 模块中，将 Start Lifetime、Start Speed 和 Start Size 均设置为 Random Between Two Constants 方式，其参数设置如图 1-3-35 所示。

在 Velocity over Lifetime 模块中设置参数，制作每个粒子在粒子生命周期内的速度偏移量，实现粒子系统的速度偏移，如图 1-3-36 所示。

在 Emission 模块中，将 Rate over Time 设置为 30，增大粒子的喷射频率，如图 1-3-37 所示。

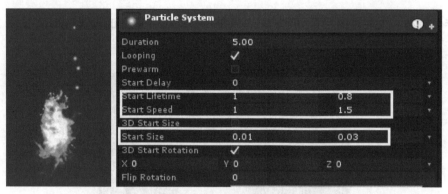

图 1-3-35　Particle System 模块中的参数设置（一）

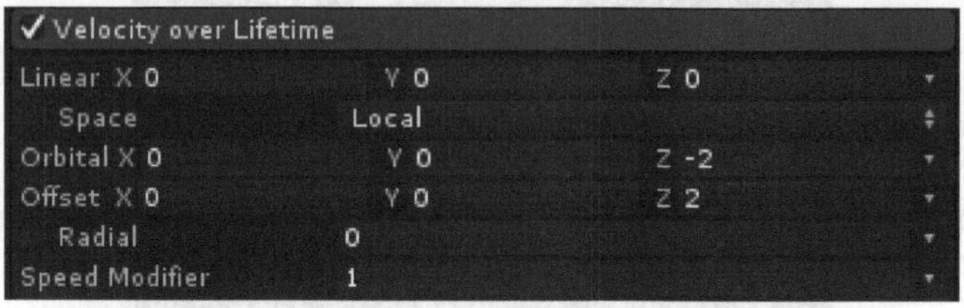

图 1-3-36　Velocity over Lifetime 模块中的参数设置

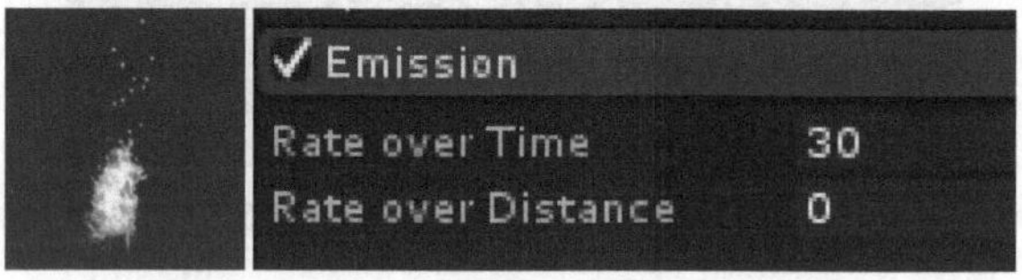

图 1-3-37　Emission 模块中的参数设置（一）

先为火星粒子选择一种材质，使用 Photoshop 软件制作如图 1-3-38 所示的火星粒子贴图，并将贴图以 TGA 格式保存在计算机中。

图 1-3-38　火星粒子贴图

将制作好的贴图拖到 Unity 软件中，为火星粒子更换贴图。在 Renderer 模块中设置粒子的渲染特性，将 Render Mode 设置为 Stretched Billboard 模式，如图 1-3-39 所示。

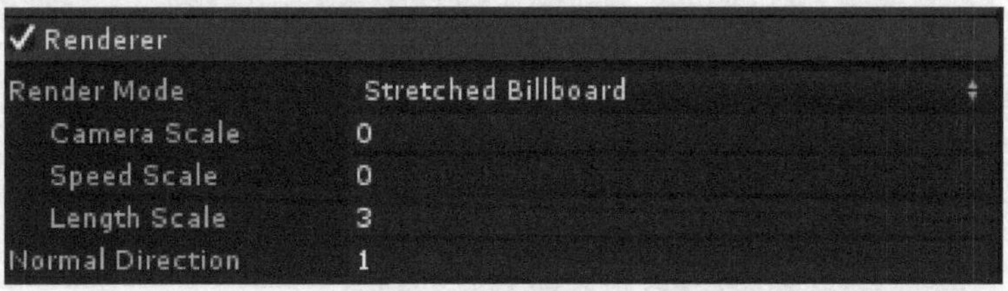

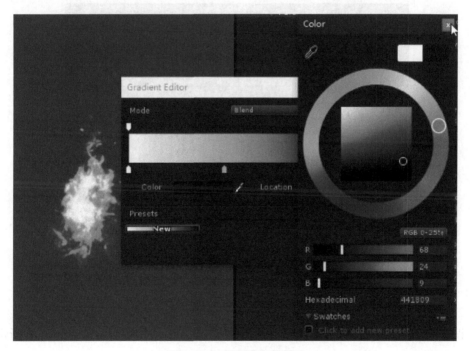

图 1-3-39　设置粒子的渲染特性

在 Maps 中调整 HDR 参数，提高火星的亮度。在 Color over Lifetime 模块中设置粒子在生命周期内的颜色变化，单击 Color 颜色条框，弹出渐变编辑器，让颜色先亮，再变黄，最后呈现暗色，如图 1-3-40 所示。火星部分制作完成。

图 1-3-40　设置渐变编辑器

第 4 步：制作燃烧时产生的烟。

运用同样的方法，在火焰主体下新建一个粒子系统用于制作烟。去掉粒子发射形状，将 Particle System 模块中的 Start Lifetime 和 Start Speed 设置为 Random Between Two Constants 方式，设定参数，设置生命随机值和速度随机值，如图 1-3-41 所示。

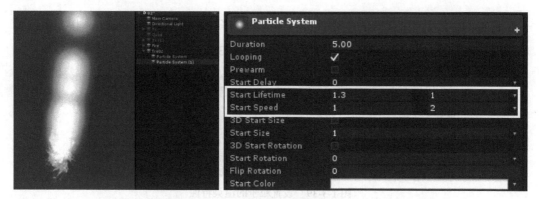

图 1-3-41　新建粒子系统制作烟

设置 Size over Lifetime 模块，指定随着时间的消逝，烟粒子将越来越大，如图 1-3-42 所示。

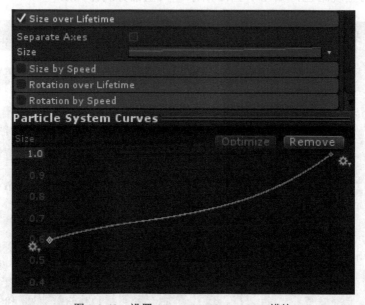

图 1-3-42　设置 Size over Lifetime Size 模块

设置 Color over Lifetime 模块得到粒子颜色淡入淡出的效果，如图 1-3-43 所示。

为粒子添加材质，在 Particle System 模块中，将 Start Rotation 设置为 Random Between Two Constants 方式，旋转角度设置为 360°，为粒子设置一个初始方向。为粒子更换烟的贴图，效果如图 1-3-44 所示。

调整粒子的亮度，设置 Color over Lifetime 模块，粒子颜色呈现先亮再暗的效果。粒子颜色变化的设置如图 1-3-45 所示。

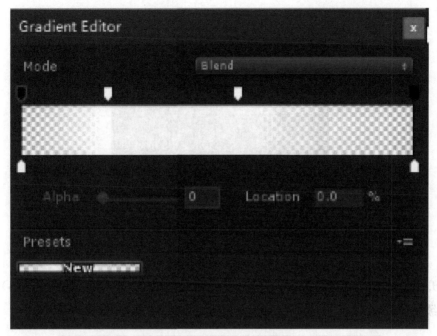

图 1-3-43　设置淡入淡出效果

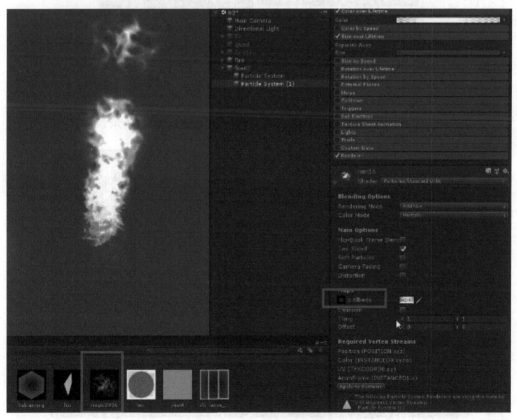

图 1-3-44　为粒子更换贴图的效果

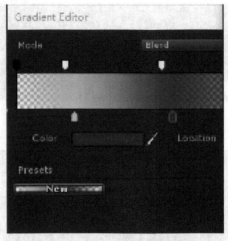

图 1-3-45 粒子颜色变化的设置

打开 Renderer 模块，将 Sorting Fudge 的值设置得相对大一些（见图 1-3-46），值越大，层级越往后。

Sort Mode	None	
Sorting Fudge	10	
Min Particle Size	0	
Max Particle Size	0.5	
Render Alignment	View	

图 1-3-46 设置 Sorting Fudge 的值

第 5 步：制作灰光。

复制上一步完成的烟粒子系统，用于制作灰光，如图 1-3-47 所示。

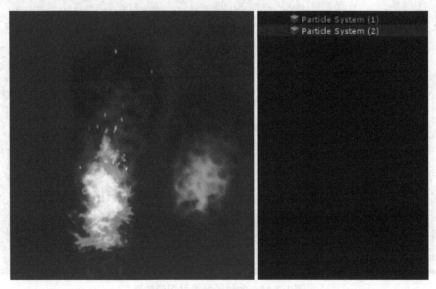

图 1-3-47 复制烟粒子系统

打开绘图软件 Photoshop，制作一张灰光特效贴图（见图 1-3-48），制作完成后，将贴图以 TGA 格式保存在计算机中。

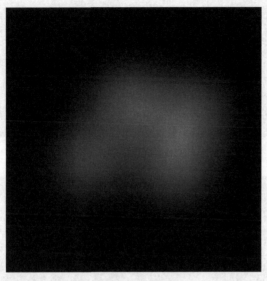

图 1-3-48　使用绘图软件 Photoshop 制作的灰光特效贴图

将制作好的贴图应用到灰光粒子上，在 Particle System 模块中设置 Start Speed 和 Start Size 等参数，如图 1-3-49 所示。

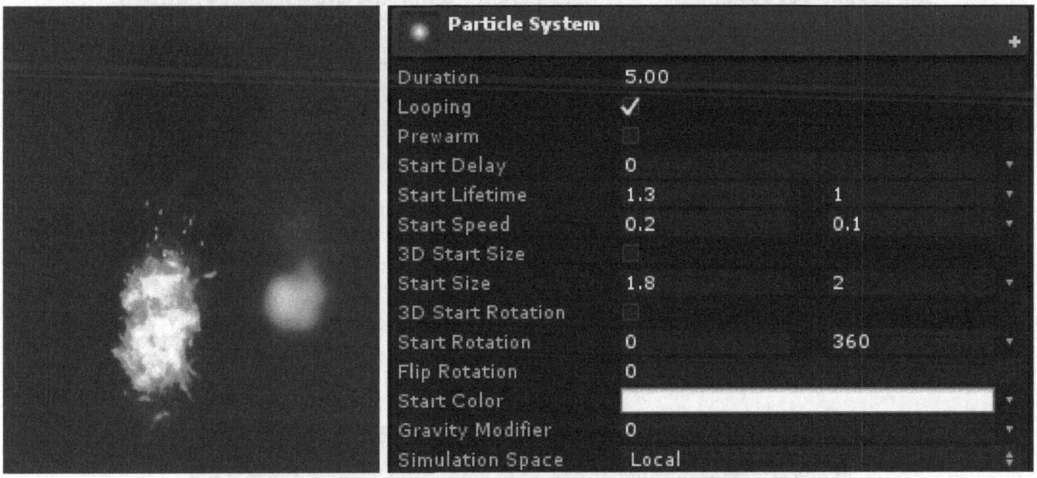

Particle System		
Duration	5.00	
Looping	✓	
Prewarm	☐	
Start Delay	0	
Start Lifetime	1.3	1
Start Speed	0.2	0.1
3D Start Size	☐	
Start Size	1.8	2
3D Start Rotation	☐	
Start Rotation	0	360
Flip Rotation	0	
Start Color		
Gravity Modifier	0	
Simulation Space	Local	

图 1-3-49　Particle System 模块中的参数设置（二）

Shape 模块用于设置粒子的角度、半径、长度等参数，将 Emit from 设置为 Volume，如图 1-3-50 所示。

设置 HDR Color 的颜色偏橙色，并调整亮度，添加灰光效果后的火焰如图 1-3-51 所示。

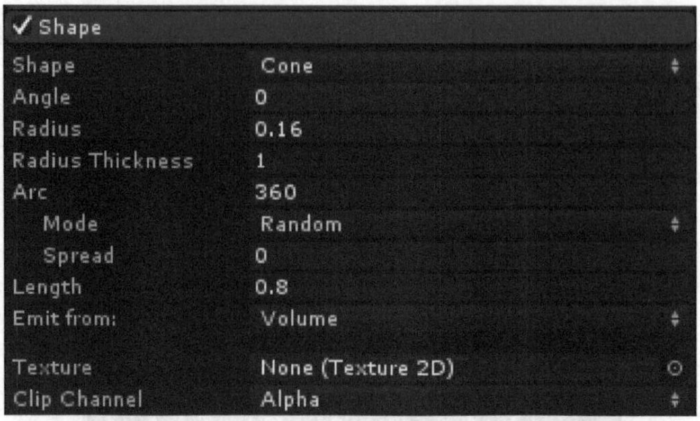

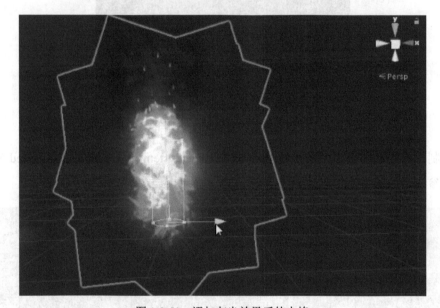

图 1-3-50　Shape 模块中的参数设置（二）

图 1-3-51　添加灰光效果后的火焰

第 6 步：制作光圈。

新建一个粒子系统用于制作火焰底部的光圈。Emission 模块设置该粒子只发射一颗粒子，如图 1-3-52 所示。

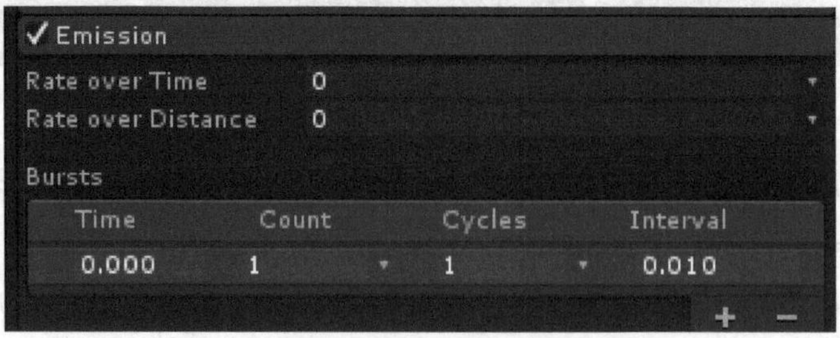

图 1-3-52　Emission 模块中的参数设置（二）

去掉 Shape，在 Particle System 模块中设置 Start Speed 和 Start Size 等参数，如图 1-3-53 所示。

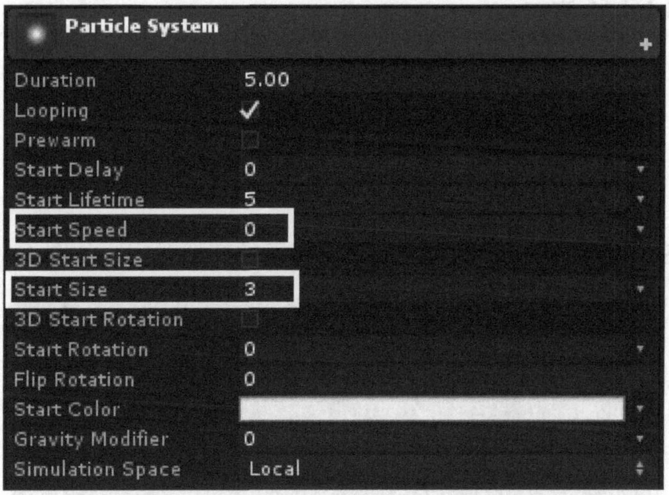

Particle System

Duration	5.00
Looping	✓
Prewarm	
Start Delay	0
Start Lifetime	5
Start Speed	0
3D Start Size	
Start Size	3
3D Start Rotation	
Start Rotation	0
Flip Rotation	0
Start Color	
Gravity Modifier	0
Simulation Space	Local

图 1-3-53　Particle System 模块中的参数设置（三）

设置 Renderer 模块，将渲染模式调整为 Horizontal Billboard，始终平行于水平面板渲染，如图 1-3-54 所示。

✓ Renderer	
Render Mode	Horizontal Billboard
Normal Direction	1

图 1-3-54　Renderer 模块中的参数设置

为粒子加上材质，替换类似光圈的贴图，并调整亮度等参数，光圈的最终效果如图 1-3-55 所示。

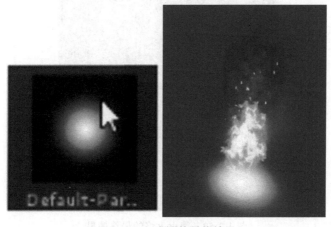

图 1-3-55　光圈的最终效果

第7步：制作火焰周边的闪动效果，完成篝火火焰整体特效的制作。

复制上一步的光圈粒子，制作火焰周边的闪动效果。在 Emission 模块中设置多发射几颗粒子，如图 1-3-56 所示。

图 1-3-56　Emission 模块中的参数设置（三）

在 Particle System 模块中设置一个较小的粒子的存活时间，如图 1-3-57 所示。

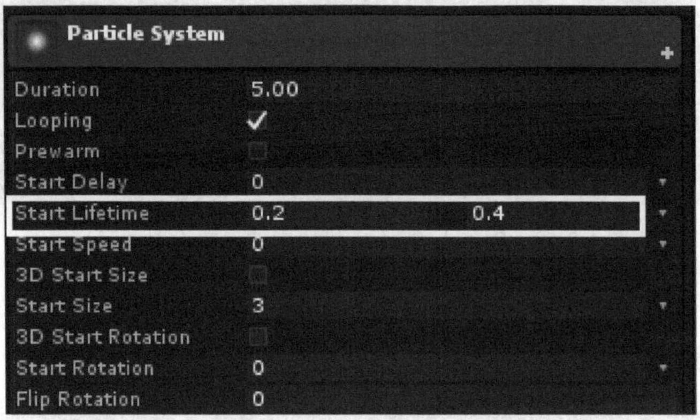

Particle System		
Duration	5.00	
Looping	✓	
Prewarm		
Start Delay	0	
Start Lifetime	0.2	0.4
Start Speed	0	
3D Start Size		
Start Size	3	
3D Start Rotation		
Start Rotation	0	
Flip Rotation	0	

图 1-3-57　Particle System 模块中的参数设置（四）

设置 Color over Lifetime 模块，得到粒子颜色淡入淡出的效果，调整亮度等参数，篝火火焰的最终效果如图 1-3-58 所示。

图 1-3-58　篝火火焰的最终效果

1.3.3　制作目的地提示特效

本节主要介绍在虚拟现实空间中如何制作两个目的地之间指向的三维特效。

第 1 步，打开 3ds Max 软件，制作箭头模型。

打开 3ds Max 软件，在视图中创建一个平面，将平面转换为可编辑多边形，制作一个箭头平面，打开修改器列表中的"壳"命令，为箭头增加厚度，调整箭头上部分面的厚度等参数，完成箭头模型的制作（见图 1-3-59），然后将制作好的模型以 FBX 格式导入计算机中。

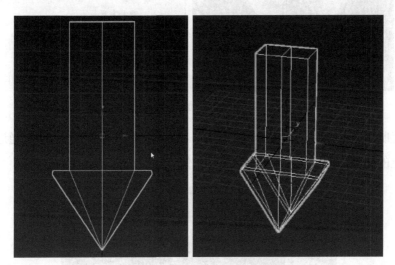

图 1-3-59　制作的箭头模型

第 2 步，打开 Unity 软件，创建对象，导入模型。

打开 Unity 软件，使用 Hierarchy 面板中的 Create 命令手动创建一个 GameObject，作为整体特效的一个容器，把上面制作好的箭头模型导入视图中。创建一个 Material，添加到箭头上，如图 1-3-60 所示。

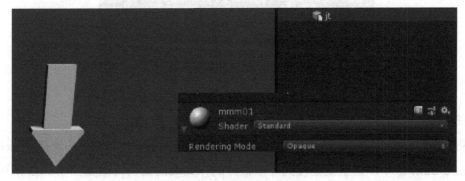

图 1-3-60　为箭头添加材质

第 3 步，打开 Photoshop 软件，为箭头制作贴图。

打开 Photoshop 软件，为箭头制作一张贴图。使用"多边形"工具创建一个六边形，复制图层，为图层添加"描边"和"内发光"等图层样式，效果如图 1-3-61 所示。

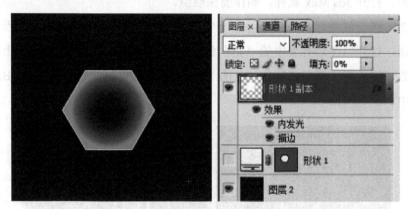

图 1-3-61　添加图层样式

多次复制创建的六边形，组建成如图 1-3-62 所示的形状，创建 alpha 通道，制作带有透明通道的贴图，最后将贴图以 TGA 格式保存在计算机中。

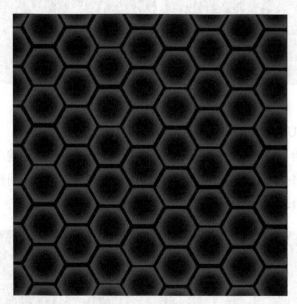

图 1-3-62　箭头贴图

第 4 步，将贴图导入 Unity 软件中，调整效果。

将制作好的贴图导入 Unity 软件中，为箭头模型加上贴图，在 Shader 中选择 Particles→Standard Unlit 命令，调整渲染模式等参数，制作完成的箭头特效如图 1-3-63 所示。

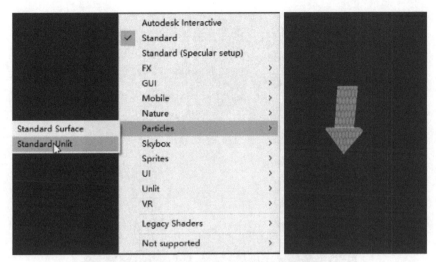

图 1-3-63　制作完成的箭头特效

第 5 步，创建渐变光柱。

打开 3ds Max 软件，在视图中创建一个圆柱体，将图柱体转换为可编辑多边形，删除圆柱体的上下两个面，选择圆柱体上部圆上的点，将 Alpha 的值设为 0.0，然后选择圆柱体下部圆上的点，将 Alpha 的值设为 100.0，实现渐变效果，如图 1-3-64 所示。

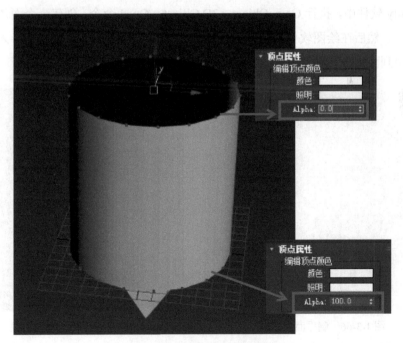

图 1-3-64　渐变光柱模型制作

将模型导入 Unity 软件中，为模型新建材质球，调整"颜色"和"亮度"等参数，制作的光柱特效如图 1-3-65 所示。

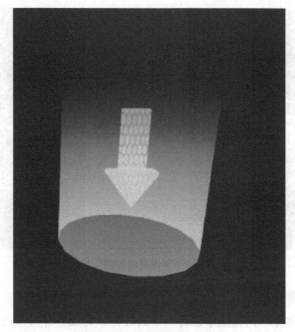

图 1-3-65　制作的光柱特效

第 6 步，制作光柱底面的发射特效。

在 Unity 软件中，执行 GameObject→3D Object→Quad 命令，创建一个面片，并为面片添加材质。然后在绘图软件中绘制一张贴图，如图 1-3-66 所示。将贴图导入 Unity 软件中，添加到面片上，并调整参数，效果如图 1-3-67 所示。

图 1-3-66　制作面片贴图

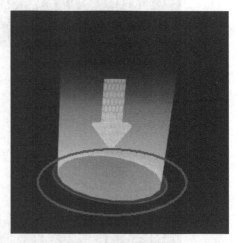

图 1-3-67　面片贴图效果

在 GameObject 中新建一个粒子，去掉粒子发射形状，在 Particle System 模块中的 Start Lifetime 减少粒子存活时间，将 Start Speed 设为 0，然后将 Start Size 调大，设置为 Random Between Two Constants 方式，设定参数，设置生命随机值和速度随机值。

在 Renderer 模块中将渲染模式调整为 Horizontal Billboard，始终与地面平行。

在 Emission 模块中将粒子的喷射个数设为 3。

在 Size over Lifetime 模块中将粒子的生命周期变化设为从小变大。

为粒子添加材质，在 Photoshop 软件中，绘制如图 1-3-68 所示的贴图，将贴图替换到粒子上，调整"颜色"和"亮度"等参数，底面发射特效如图 1-3-69 所示。

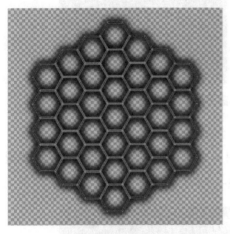

图 1-3-68　绘制的贴图

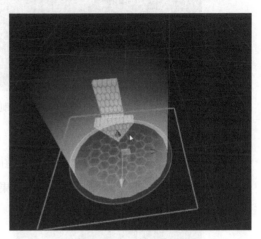

图 1-3-69　底面发射特效

与上述步骤相同，在 Unity 中新建粒子，添加材质，赋上贴图，调整参数，完成光柱内部发射特效的制作，如图 1-3-70 所示。

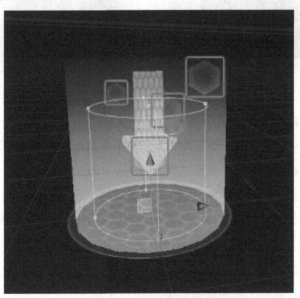

图 1-3-70　光柱内部的发射特效

第 7 步，制作环绕光柱的半圆。

在 3ds Max 软件中制作一个半圆模型，如图 1-3-71 所示。

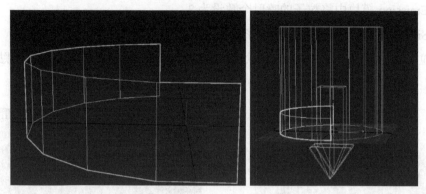

图 1-3-71　制作的半圆模型

将模型导入 Unity 软件中，调整大小、位置，然后添加材质。

在 Photoshop 软件中制作一张渐变贴图，如图 1-3-72 所示。将贴图替换到半圆模型上，调整参数，复制一个半圆，最终的效果如图 1-3-73 所示。

图 1-3-72　制作的渐变贴图

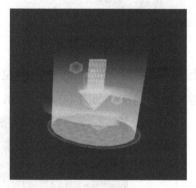

图 1-3-73　最终的效果

第 8 步，添加动画效果。

下面通过 Unity 软件中的帧动画为箭头和两个半圆添加动画效果。

选中要播放帧动画的物体，然后选择 Window→Animation 命令，此时会弹出一个动画制作的界面，选择 Create 选项，创建一个新动画。设置动画控制的属性，然后设置箭头和两个半圆转动的角度、速度、位置等信息，需要注意的是，设置动画属性时，单击如图 1-3-74 所示的红色按钮，进入编辑模式。

添加动画效果之后的特效展示如图 1-3-75 所示。

第 9 步，制作目的地之间的指向箭头。

与前面的步骤相同，在 Unity 软件中创建一个面片，为面片添加材质。然后在绘图软件中绘制一张箭头贴图，并将贴图导入 Unity 软件中，调整参数，打开 Animation 模块为箭头添加动画效果，如图 1-3-76 所示。

图 1-3-74　单击红色按钮

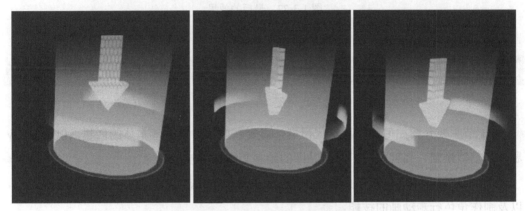

图 1-3-75　箭头和半圆的动画特效

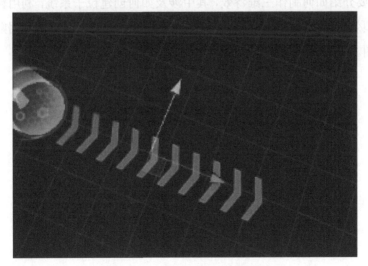

图 1-3-76　目的地之间的指向箭头

第 10 步，完成特效制作。

最后的效果如图 1-3-77 所示。

图 1-3-77　最后的效果

1.4　本章小结

1.1 节主要介绍如何制作次世代模型，需要掌握科幻模型基本体的创建，以及 UVW 展开、模型烘焙、高度贴图、材质贴图的绘制和添加等技能。

1.2 节主要介绍如何制作角色动画，需要掌握骨骼绑定、骨骼蒙皮及权重调节的方法，以及制作角色行走动画的技能。

1.3 节主要介绍如何制作三维特效，其中涉及如何创建粒子系统，利用粒子的属性和参数调节模型效果，使用三维建模软件快速创建特效中的模型，以及利用贴图绘制软件制作特效贴图。

第 2 章
项目架构设计

 学习任务

【任务1】了解项目架构的需求分析，梳理出场景的需求。

【任务2】掌握项目架构中功能和子系统的划分与设计。

【任务3】了解项目架构中系统的规划和优化措施。

【任务4】掌握项目架构中各个子系统之间的关系。

【任务5】了解系统架构的描述和搭建。

【任务6】了解系统框架中公共组件的提取方法。

【任务7】了解基础框架和业务框架的封装。

【任务8】了解模块功能的开发。

学习路线

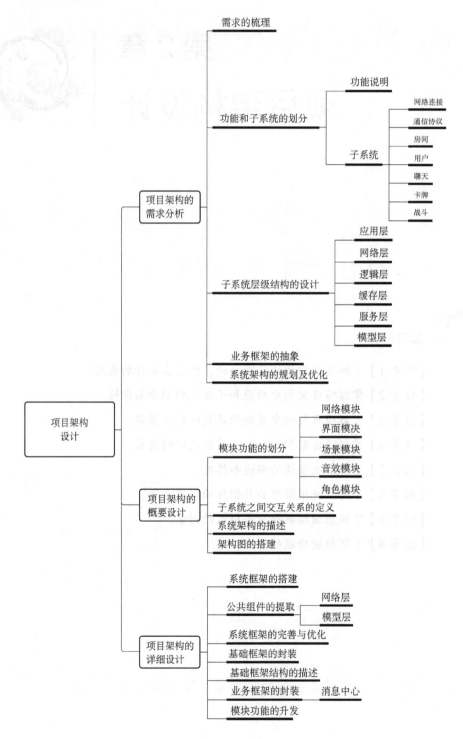

2.1　项目架构的需求分析

　　需求分析是开发人员经过深入细致的调研和分析，准确理解用户和项目对功能与可靠性等方面的具体要求，将用户非形式的需求表述形成描述完整、清晰与规范的文档，从而确定系统必须做什么的过程。

2.1.1　需求的梳理

1．需求的类型

　　需求的梳理是针对待开发软件提供完整、清晰、具体的要求，确定软件必须实现哪些任务，通常分为功能性需求、非功能性需求与设计约束这 3 个方面。

　　（1）功能性需求。功能性需求就是软件必须完成哪些事、必须实现哪些功能，以及为了向其用户提供有用的功能所需执行的动作。功能性需求是软件需求的主体。开发人员需要亲自与用户进行交流，核实用户需求，从软件帮助用户完成事务的角度充分描述外部行为，形成软件需求规格说明书。

　　（2）非功能性需求。作为对功能性需求的补充，软件需求分析的内容还应该包括一些非功能性需求，主要包括使用软件时对性能和运行环境方面的要求、设计软件时必须遵循的相关标准和规范、用户界面设计的具体细节、未来可能的扩充方案等。

　　（3）设计约束。设计约束一般也称作设计限制条件，通常是对一些设计或实现方案的约束说明。例如，要求待开发软件必须使用 Oracle 数据库系统完成数据管理功能，运行时必须基于 Linux 环境等。

2．应用实例——网络斗地主游戏项目架构的需求

　　本章以使用 Unity 引擎开发一款网络斗地主游戏为例进行系统架构的设计。斗地主是一款比较经典的游戏，在日常生活中，也是人们经常开展的一个娱乐项目。

　　（1）功能性需求：网络斗地主游戏通常应具有联网、注册、登录、设置昵称和音量、匹配房间、信息提示、叫地主、出牌和压牌、快捷喊话、判断胜负、结算积分、播放音效等功能。

　　（2）非功能性需求：网络斗地主游戏的 PC 端可以分为服务端和客户端两个部分，服务端需要一个框架来处理客户端的交互，客户端需要一个框架来处理用户的交互。客

户端不仅需要准备一些图片用来搭建场景（如背景图、卡牌图片、UI 图片、人物图片等），还需要准备一些声音来增加游戏效果（如单击音效、出牌提示、聊天语句等）。

（3）设计约束：网络斗地主游戏在玩法上需要让用户先登录到服务器，然后选择房间，最后开始游戏，可以分为登录、匹配、战斗这 3 个场景。在登录场景中，用户可以登录到服务器，新用户需要先注册才能登录；在匹配场景中，用户可以设置音量、查看信息、进入房间，快速开始可以加入一个随机的房间；在战斗场景中用户可以叫地主、出牌、快捷喊话，游戏结束后可以查看本局得分。

2.1.2　功能和子系统的划分

1. 子系统划分的原则

对于复杂的系统，需要根据系统的方法，将其分为若干子系统，分别设计子系统的功能模型，划分子系统时需要注意以下几点。

1）系统相对独立

子系统的划分必须使子系统内部功能、信息等各方面的凝聚性较好。在实践中，应尽量使每个子系统或模块相对独立，以减少各种不必要的数据调用和控制联系。

2）同类高度凝聚

子系统之间的联系要尽量减少，接口应简单、明确。一个内部联系强的子系统与外部的联系必然很少，所以划分时应将联系较多者列入子系统内部。相对集中的部分均划入各个子系统的内部，使联系比较密切、功能近似的模块相对集中，剩余的一些分散、跨度比较大的联系就成为这些子系统之间的联系和接口，从而有利于对其进行搜索、查询、调试、调用等方面的操作。

3）减少数据冗余

如果将相关的功能数据分布在各个不同的子系统中，在运行过程中就需要调用大量的原始数据，保存和传递大量的中间结果，重复进行大量的计算工作，从而使程序结构紊乱，数据冗余，不但会给软件的编制工作增加难度，而且会大大降低系统的工作效率。

2. 应用实例

根据功能不同可以将网络斗地主游戏分为网络连接、通信协议、房间、用户、聊天、卡牌、战斗 7 个子系统。

1）网络连接系统

网络连接系统负责客户端和服务端的通信，使用 TCP 协议进行传输，采用异步的方式进行连接和数据的收发。服务端建立客户端的对象连接池，方便客户端的连接。客户端既有接收数据的缓存区，可以解析出通信协议，执行相应的操作，也有发送队列，可以把需要处理的消息添加到队列中，逐一进行发送。

2）通信协议系统

通信协议系统用来制定客户端和服务端通信的消息格式，一条网络消息包括操作码、子操作码和内容这 3 个部分。操作码指的是子系统，如用户系统、战斗系统等；子操作码指的是子系统中的具体操作，如战斗系统中的叫地主、出牌等操作；内容指的是实际发送的内容，如聊天系统中发送的内容是消息的编号。

3）房间系统

房间系统可以用来统计房间中的用户信息（如当前房间中的用户数量、用户是否已经准备好）和房间的自身属性（如房间是否为空、房间是否已满、房间的编号等）。一个房间允许 3 个用户进入，用户都准备好之后才可以开始游戏。

4）用户系统

用户系统存储了服务器中所有的用户信息，如用户的账号和密码，以及用户的经验值、等级、身份等。新用户需要先注册才可以进行游戏，注册后可以设置昵称、创建角色、积累经验。老用户登录成功后会从服务端读档，显示出已有的角色信息。

5）聊天系统

聊天系统指的是用户在游戏中可以发送的快捷喊话，如"你的牌打得太好了""不要走，决战到天亮"等，每条语句都有语音播报。

6）卡牌系统

卡牌系统包括一张卡牌具有的属性（如花色、权值等）、牌型的定义（如单张、对子、炸弹等），以及洗牌的算法、牌库的管理等。一副牌有 54 张，需要先在牌库中生成，洗牌后发给每个用户 17 张，留下的 3 张底牌发给地主。

7）战斗系统

战斗系统是指用户开始斗地主后的一系列操作（如叫地主、出牌、不出等），以及出牌回合、倍率统计、胜负判定、积分结算等。首先由地主出牌，然后由牌值最大的用户出牌，每次出牌后都要检查手牌的数量，任意一个用户手牌数量为零时游戏结束。

2.1.3 子系统层级结构的设计

子系统层级结构先将整个系统分为若干管理层次，然后在每个层次上建立若干功能子系统，把模块处理的各种功能有计划地分散到不同层次，并把它们有机地联系起来。

根据功能不同，可以将网络斗地主游戏分为应用层、网络层、逻辑层、缓存层、服务层和模型层，如图 2-1-1 所示。

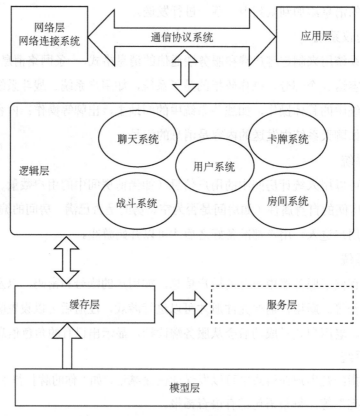

图 2-1-1　层级结构图

1. 应用层

应用层主要用于客户端的操作，如界面的交互使用、音效的播放等，用于响应用户的操作。

2. 网络层

网络层主要用于客户端和服务端的交互，网络连接搭建好之后，客户端和服务端即可依据制定的通信协议进行通信。

3. 逻辑层

逻辑层主要用于客户端发起的操作请求，在服务端的响应处理部分，包括用户系统中的注册、登录、等级、身份等，卡牌系统中的生成牌库、洗牌、发牌等操作，聊天系统中的群发消息，战斗系统中的轮流出牌、胜负判定、积分结算等操作，以及房间系统中的查找房间、加入房间、退出房间等操作。

4．缓存层

缓存层主要用于在某个子系统中处理具体操作时需要用到的数据，如用户系统中登录时需要使用的用户名和密码，要判断服务器中是否已经存在，以及房间系统要存储当前房间中的用户数量和信息。

5．服务层

服务层主要用于对缓存层的数据进行的操作，如新用户注册时需要把其账号和密码保存到数据库中进行存档，当用户登录时需要读取档案中的账号和密码进行核对。

6．模型层

模型层定义了所有物体的属性信息，如卡牌系统中用到的单张卡牌的属性，包括花色、权值、名字，用户系统中用户的属性包括用户名、密码、昵称、积分、等级、经验、身份等。

2.1.4　业务框架的抽象

业务框架描述了业务领域主要的业务模块及其组织结构，为业务领域建立了一个维护和扩展的结构。业务框架对理解客户业务，尤其是对软件开发行业确定解决方案具有重要作用。把业务要素合并归类，经过一定的抽象可以形成领域对象，这样既可以减少业务要素，也可以降低理解的复杂度。

网络斗地主游戏中客户端是用户可以直接交换的，包括登录和注册页面、快速匹配页面、设置页面、战斗页面、聊天页面等，把页面的跳转逻辑和场景的切换逻辑进行抽象，可以提取出客户端的框架，即游戏的业务框架。框架中主要处理两方面内容，即用户的输入和服务端的响应。用户的输入包括单击按钮、卡牌等操作，服务端的响应是指服务端处理完的网络消息。因此，可以在框架中创建一个消息中心，所有的输入都由其进行统一处理，如控制音效的播放、切换界面的显示、场景的跳转、网络消息的发送等。

2.1.5 系统架构的规划及优化

系统架构就是一个系统的草图，描述了构成系统的抽象组件，以及各个组件之间是如何进行通信的，这些组件在实现过程中可以被细化为实际的组件，如类或对象。系统架构的主要任务是界定系统级的功能与非功能要求、规划要设计的整体系统的特征、规划并设计实现系统级的各项要求的手段，以及利用各种学科技术完成子系统的结构构建。

网络斗地主游戏分为服务端和客户端两部分，开始游戏之前需要先启动服务端，等待客户端的连接。客户端启动之后，会自动连接服务器，连接成功后可进入房间等待，如果连接失败就需要检查网络后重新连接。房间中的人数满足游戏需要时，用户可以准备开始游戏，不满足时用户需要继续等待。系统架构的规划如图 2-1-2 所示。

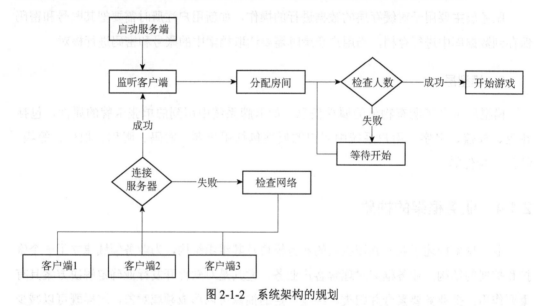

图 2-1-2　系统架构的规划

此系统架构只是简单地规划了游戏的流程，详细的功能模块和具体的操作流程会在后续章节进行介绍。

2.2　项目架构的概要设计

在系统需求相对比较明确并对需求进行域建模之后，可以进行系统的概要设计。概要设计是一个在用户研究和设计之间架起桥梁，使用户研究和设计无缝结合的过程。概要设计的主要任务包括以下几点：根据产品的功能确定技术架构，定义设计准则及共通处理方针，分解划分功能模块，定义各模块的功能和业务处理，定义模块之间的接口关系。

2.2.1 模块功能的划分

在项目架构中明确定义子系统之后，接下来就是定义模块。模块是数据说明、可执行语句等程序对象的集合，每个模块完成一个子功能，将它们集成到一起就可以满足问题需求。在大型软件项目开发中，模块的划分非常重要。划分模块应遵循的准则有高内聚低偶合、模块大小规模适当、模块的依赖关系适当等。

根据功能不同可将业务框架分为界面模块、网络模块、角色模块、场景模块和音效模块等，不同模块之间通过消息中心进行交互，如图 2-2-1 所示。

图 2-2-1   业务框架

界面模块包括对客户端中所有页面的处理，如页面的切换、所有按钮的响应、图片的修改等。

网络模块处理与服务端的通信，一方面把客户端中产生的请求发送到服务端，另一方面把服务端响应的结果接收过来进行逻辑处理。

角色模块控制所有用户的手牌状态，如抢到地主后手牌数量的增加、出牌后手牌数量的减少等。

场景模块负责场景之间的跳转，保证游戏的正常流程。

音效模块管理游戏中的所有声音的播放，如单击按钮的音效、提示音效、聊天语句的播放等。

2.2.2 子系统之间交互关系的定义

在项目架构的概要设计划分完功能模块之后，就开始定义子系统之间的交互关系，可以通过文字进行描述，或者采用矩阵图的形式呈现。

网络斗地主游戏分为网络连接、通信协议、房间、用户、聊天、卡牌、战斗这 7 个子系统，各个子系统之间的交互比较复杂，如图 2-2-2 所示，下面进行详细介绍。

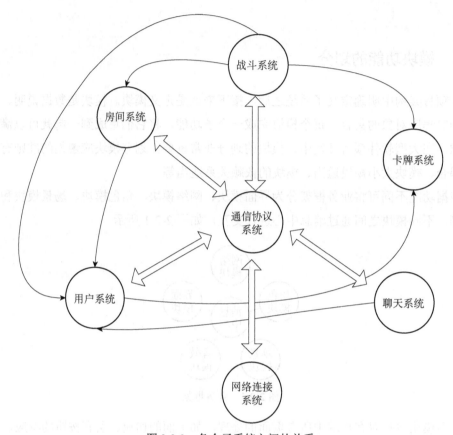

图 2-2-2　各个子系统之间的关系

1. 网络连接系统和通信协议系统

网络连接系统作为客户端和服务端的桥梁，提供了通信的保障。通信协议系统是建立在网络连接基础之上的，规定了客户端和服务端通信的标准，决定了对操作的处理方向。这两个系统是网络斗地主游戏架构的基础部分。

2. 用户系统

用户系统是网络斗地主游戏的核心系统，存储了用户的所有状态信息，与房间系统、聊天系统、卡牌系统、战斗系统都有密切的联系。

3. 战斗系统

战斗系统管理游戏的出牌逻辑、胜负判定和积分结算，与除聊天系统之外的所有系统都有很强的关联关系。

4. 房间系统

房间系统管理用户的进出，与战斗系统和用户系统有联系。

5. 聊天系统

聊天系统需要访问用户的信息，因此与用户系统有关系。

6. 卡牌系统

卡牌系统管理卡牌的信息，供用户系统使用，战斗系统可以控制其出牌的处理。

2.2.3　系统架构的描述

一个复杂的系统需要不同角色的人来参与，必须考虑到让不同的参与者理解架构，知道他们自己该做什么事，如用户需要提供原始需求、项目经理需要制订计划、开发人员需要实现功能等。因此，需要从不同的视角分别描述，这也是为了使架构方便理解、交流和归档。

网络斗地主游戏的系统架构由服务端和客户端两部分组成。

1. 服务端

服务端负责实现网络系统的连接、通信协议的制定、用户系统的定义、卡牌系统的设计、房间系统的配置、战斗系统的控制、聊天系统的分发。

服务端启动后，首先创建一个客户端的对象池，等待客户端连接进来。有客户端进来后，服务端就开始根据通信协议来处理网络消息。例如，处理用户系统的登录、注册请求，以及创建角色、获取信息和上线的请求；房间系统的进入房间、离开房间、准备就绪的请求；战斗系统的抢地主、出牌和不出牌的请求；聊天系统的聊天请求。

2. 客户端

客户端负责实现所有界面的制作、网络消息的处理、不同场景的跳转、角色信息的显示、对应音效的播放。

客户端启动后，自动连接服务端，连接成功后把用户的输入和服务端的响应发送到消息中心进行处理。例如，用户单击"注册"按钮，消息中心控制界面模块显示注册页面；用户成功登录到服务端后，消息中心控制场景模块跳转到匹配场景；用户单击"叫地主"按钮，消息中心控制网络模块给服务端发送请求；客户端收到服务端的出牌响应后，消息中心控制角色模块更新桌面上的卡牌；客户端收到服务端的聊天响应后，消息中心控制音效模块播放消息语音。

2.2.4 架构图的搭建

在架构中梳理出来的功能其实就是一个元素，每个元素节点与其他相关的元素都存在上下级关联点，在不同的层级需要整合不同的元素，并将其逐步向上迭代，搭建出一个完整的"金字塔"体系。在搭建层级的时候一定要注意层级的重要性，是否直接与业务挂钩，以及如何为用户直观地展示出业务内容。

根据需求分析可以得到功能模块、子系统和层级结构，结合子系统之间的交互关系，绘制的网络斗地主游戏的架构图如图 2-2-3 所示。

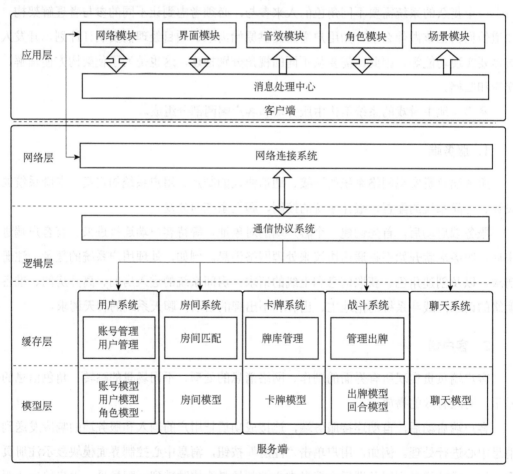

图 2-2-3　网络斗地主游戏的架构图

2.3 项目架构的详细设计

详细设计是软件工程中软件开发的一个步骤，是对概要设计的细化，用于定义各功能模块的功能单元的详细实现。详细设计阶段就是为每个模块完成的功能进行具体的描述，把功能描述转变为精确的、结构化的过程描述。

2.3.1 系统框架的搭建

架构出来的系统不仅要考虑用户的功能实现，还要平衡系统的易用性、高性能、扩展性、可伸缩性等方面，需要综合业务目标、当前开发人数、开发人员的综合能力、上线时间、项目预算等来选择开发语言、开发框架和功能开发的顺序。有些公司求时间，有些公司求质量，这说明架构是实时变化的，不是一上来就是一个完美的，需要根据当前的业务需求进行变化，因此架构必须支持这种变化，达到上述要求。

网络斗地主游戏的系统框架包括客户端和服务端两部分。第一，从服务端的网络连接系统开始搭建，保证网络消息的正常收发；第二，进行通信协议系统的编写，把网络消息换成制定的通信协议，至此网络层就完成了；第三，根据不同的通信协议编写对应的逻辑关系，预留好各个子系统的接口；第四，在客户端搭建界面，建立不同的场景；第五，把网络模块配置好，实现和服务端使用通信协议进行数据的收发，至此完成一个基础系统框架的搭建。

2.3.2 公共组件的提取

公共组件是每个应用都需要使用的，这些组件是可以提取出来的，从而搭建出基础功能组件。在提取完非业务性功能组件之后，还需要考虑业务性功能组件，这些组件和整个业务设计架构紧密相关，是其他业务需要共享使用的。提取这些组件有助于快速地构建其他业务，以及敏捷地推进架构建设。

在网络斗地主游戏的框架中，客户端和服务端通过网络模块进行交互，网络层和模型层的一些定义可以作为公共组件来使用，如通信协议系统中定义的操作码和子操作码，卡牌系统中定义的卡牌模型、花色、牌型、权值，聊天系统中定义的聊天模型，用户系统中定义的身份模型、角色模型、账户模型、用户模型，战斗系统中定义的出牌模型，以及房间系统中定义的房间模型等。

2.3.3 系统框架的完善与优化

随着业务的复杂性增大、系统吞吐量增加，统一部署所有功能的难度加大，各个功能模块相互影响，使系统变得笨重且脆弱，因此需要对系统框架进行完善和优化，如对业务进行拆分、对系统进行解耦、对系统内部架构进行升级，以提升系统容量及健壮性。

1．系统框架优化的内涵

系统框架的优化一方面是系统化地对整个系统或层级进行分析并优化，另一方面是对单一系统进行瓶颈点分析和调优。但优化的目标大致相同，无非是提高系统的响应速度和吞吐量、降低各层耦合，以应对灵活需求变更。

2．系统框架优化的层次

系统框架优化包含架构治理层、系统层、基础设施层这 3 个层次。

（1）架构治理层：优化的目的不仅包括性能优化，还包括为适应业务架构变化而带来的应用架构优化。

（2）系统层：优化的目的包括业务流程优化、数据流程优化，如提高系统负载、减少系统开销等。

（3）基础设施层：优化的目的主要是提高 IAAS 平台的能力，如建立弹性集群具备横向扩展能力、支持资源快速上下线和转移等。

3．系统框架优化的方法

系统框架优化的方法主要有以下几种。

（1）优化代码逻辑：主要是提升代码执行的效率，有可能是空间换时间，也有可能是算法的优化，如删除一些不需要的代码、减少以前的多层嵌套循环、把循环的单个插入改为批量插入等。

（2）同步转异步：通知类的消息或短信发送等不需要强同步的内容，为了提升系统的响应速度，可以用消息队列异步的方式实现。

（3）增加缓存：内存的读取速度比硬盘快很多，通过空间换时间可以提升系统响应速度。另外，可以使用本地内存来缓存一些基本不变的参数，或者配置或访问频率很高的数据等。

4．网络斗地主游戏系统框架的优化

基础的系统框架可以实现客户端和服务端的连通，通过通信协议进行网络消息的解析，然后对网络斗地主游戏的系统框架做进一步的完善和优化，从而实现服务端的所有系统功能。网络斗地主游戏的系统框架可以从用户系统、卡牌系统、房间系统和战斗系统、聊天系统等方面进行优化。

1）用户系统

用户系统管理用户的账号和角色信息，首先编写账号部分，然后编写角色部分。账号部分处理用户的登录与注册操作，新用户需要注册后才能登录，登录时可能会有错误提示，如密码错误。角色部分是指用户的昵称、积分等信息，新用户登录成功后需要先创建自己的角色，老用户可以直接获取到角色信息。

2）卡牌系统

卡牌系统管理 54 张卡牌，首先需要创建一个链表，把 54 张牌放进去，然后洗牌，接着编写卡牌排序的方法、发牌的方法、出牌的方法，以供战斗系统使用。

3）房间系统

房间系统控制用户的房间操作，如进入房间、离开房间、准备游戏。用户只有在房间内才可以开始游戏，进入房间是在房间列表中找一个人数未满的房间进入，等待其他用户进入，单击"准备"按钮后进入准备状态，等待游戏开始。房间内的所有用户都准备好之后，开始发牌进行游戏。离开房间之后不能继续游戏，但可以进入其他房间开始新的游戏。

4）战斗系统

战斗系统管理用户的出牌操作，如抢地主、出牌、不出、不抢。在接到某用户抢地主的请求后，服务端要把 3 张底牌发给该用户，将其角色的身份修改为地主，其他角色修改为农民。接到不抢的请求后，交给下家来抢。接到出牌的请求后，需要先判定是否比上一家的牌大，如果是则把选中的牌从手牌中移出，放到桌面，然后交给下家出牌，否则直接交给下家出牌。接到不出的请求后，需要先判定当前角色是不是最大出牌者，如果是就必须出牌，否则交给下家出牌。

5）聊天系统

聊天系统管理用户的聊天功能，只有在房间里才可以聊天。服务端接收到客户端的聊天请求后，会把聊天语句和请求方发送到房间内的所有用户。

2.3.4　基础框架的封装

基础框架特指为解决一个开放性问题而设计的具有一定约束性的支撑结构。在此结构上可以根据具体问题扩展、安插更多的组成部分，从而更迅速和方便地构建完整的解决问题的方案。基础框架有以下几个特点。

（1）基础框架本身是不完整的，特定问题需要另行解决。

（2）基础框架天生就是为扩展而设计的。

（3）基础框架可以为后续扩展的组件提供很多辅助性、支撑性的方便易用的实用工具。

（4）针对特定问题的解决，基础框架会先定义问题的边界，进而将相关的软件组件约束在这个边界内，保持框架在解决问题方面的内聚性。

网络斗地主游戏的基础框架是指网络层的网络连接系统和逻辑层的通信协议系统，对基础框架进行封装，可以使其可靠性更加稳固，扩展性更强，如图 2-3-1 所示。

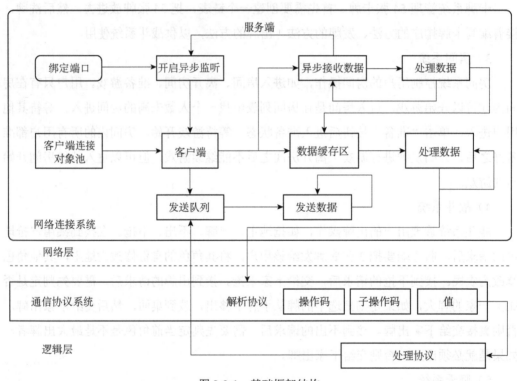

图 2-3-1　基础框架结构

2.3.5　基础框架结构的描述

基础框架的服务端开启运行之后，首先建立客户端的连接对象池，等待客户端连接之后使用。然后绑定端口号，开启异步监听，等待客户端的连接。有客户端连接进来时，从对象池中取出一个客户端对象，开启异步接收数据，然后循环进行异步监听，等待其他客户端的连接。客户端接收的数据暂时放在数据缓存区中，接着循环接收数据。不断处理数据缓存区中的内容，解析出通信协议，然后进行逻辑处理。处理后需要发送的内容添加在发送队列中，然后循环进行发送。

2.3.6 业务框架的封装

业务框架是从企业信息化的需要出发，针对企业的业务和管理所做的一种抽象与简化。业务框架由一组子模块组成，每个子模块完成企业某个局部特性的描述，然后按照一定的约束和连接关系将所有的子模块组合在一起。可以把每个典型业务看作一台运行中的机器，而其中的每个业务组件便是构成这台机器的功能模块。

典型的业务框架由战略层、管理层和执行层组成。战略层用于定义和规范战略层决策人员的业务行为；管理层用于控制业务过程，以及处理信息沟通；执行层用于实现所属典型业务的目标。

网络斗地主游戏的业务框架以消息中心为核心，各个模块通过消息中心来处理分发消息，在此基础上可以封装一个通用的业务框架，如图 2-3-2 所示。

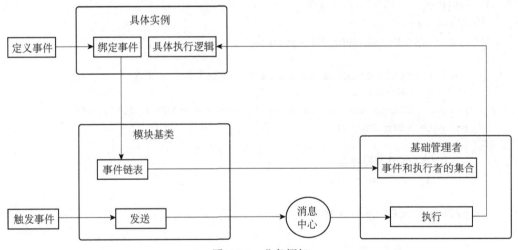

图 2-3-2 业务框架

首先定义一些事件名，用来记录所有的操作；然后在具体的实例中绑定事件，并编写事件对应的执行操作；事件绑定后，与该物体有关的事件会存储在模块基类的事件链表中；最后由基础管理者进行整理，把一个事件和多个物体关联起来，保存到一个集合中。

当有事件被触发时，会把消息发送到消息中心进行处理，消息中心找到对应模块的基础管理者来执行，管理者从集合中找到消息关联的物体，然后依次进行响应，调用具体的执行逻辑。

2.3.7　模块功能的开发

模块化开发是一种软件开发的方法，是把一个复杂的问题分解成多个独立的、相互关联的模块，然后分别独立地实现各模块的功能，最终将所有模块组合起来，以处理大型、复杂问题的一种途径。

网络斗地主游戏的客户端分为 5 个部分，分别是界面模块、网络模块、场景模块、角色模块和音效模块。本节以网络模块的开发为例进行介绍，网络模块主要负责与服务端的通信，主要功能包括连接服务端、接收数据、处理数据、发送数据。

1. 网络管理端代码

```csharp
using Protocol.Code;
using System;
using System.Collections.Generic;
using System.Linq;
using System.Text;
///<summary>
///网络模块
///</summary>
public class NetManager:ManagerBase
{
    public static NetManager Instance=null;
    //声明一个客户端对象
    private ClientPeer client=new ClientPeer("127.0.0.1",6666);
    private void Start()
    {
        //客户端连接服务端
        client.Connect();
    }
    private void Update()
    {
        if(client==null)
            return;
        //消息队列中有待处理的消息
        while(client.SocketMsgQueue.Count>0)
        {
            SocketMsg msg=client.SocketMsgQueue.Dequeue();
            //处理消息
            processSocketMsg(msg);
        }
    }
    #region 处理接收到的服务器发来的消息
//处理账号信息
```

```csharp
HandlerBase accountHandler=new AccoutHandler();
//处理用户信息
HandlerBase userHandler=new UserHandler();
//处理房间匹配
HandlerBase matchHandler=new MatchHandler();
//处理聊天内容
HandlerBase chatHandler=new ChatHandler();
//处理战斗部分
    HandlerBase fightHandler=new FightHandler();
    ///<summary>
    ///接收网络的消息
    ///</summary>
    private void processSocketMsg(SocketMsg msg)
{
        //根据网络消息的类型找到相应的模块进行处理
        switch(msg.OpCode)
        {
            case OpCode.ACCOUNT:
                accountHandler.OnReceive(msg.SubCode,msg.Value);
                break;
            case OpCode.USER:
                userHandler.OnReceive(msg.SubCode,msg.Value);
                break;
            case OpCode.MATCH:
                matchHandler.OnReceive(msg.SubCode,msg.Value);
                break;
            case OpCode.CHAT:
                chatHandler.OnReceive(msg.SubCode,msg.Value);
                break;
            case OpCode.FIGHT:
                fightHandler.OnReceive(msg.SubCode,msg.Value);
                break;
            default:
                break;
        }
    }
    #endregion
    #region 处理客户端内部给服务器发消息的事件
    private void Awake()
    {
        Instance=this;
        //添加到事件链表
        Add(0,his);
    }
    public override void Execute(int eventCode,object message)
```

```
    {
        switch(eventCode)
        {
            //处理网络消息的发送
            case 0:
                client.Send(message as SocketMsg);
                break;
            default:
                break;
        }
    }
    #endregion
}
```

2. 消息中心代码

```
using System.Collections;
using System.Collections.Generic;
using UnityEngine;
///<summary>
///消息处理中心
///只负责消息的转发
///
///ui->msgCenter-> character
///</summary>
public class MsgCenter:MonoBase
{
    public static MsgCenter Instance=null;
    void Awake()
    {
        Instance = this;
        //添加管理组件
        gameObject.AddComponent<AudioManager>();
        gameObject.AddComponent<UIManager>();
        gameObject.AddComponent<NetManager>();
        gameObject.AddComponent<CharacterManager>();
        gameObject.AddComponent<SceneMgr>();
        DontDestroyOnLoad(gameObject);
    }
    ///<summary>
    ///发送消息
    ///系统都是通过 Dispatch 方法发送消息的
    ///第一个参数：模块码，用来区别接收消息的模块
    ///第二个参数：事件码，是用来区分做什么事情的
    ///例如，第一个参数识别的是角色模块，但是角色模块有很多功能，如移动、攻击、死亡、
```

逃跑等

```
    ///就需要第二个参数来识别具体做哪一个动作
    ///</summary>
    public void Dispatch(int areaCode,int eventCode,object message)
    {
        switch(areaCode)
        {
            case AreaCode.AUDIO:
                AudioManager.Instance.Execute(eventCode,message);
                break;
            case AreaCode.CHARACTER:
                CharacterManager.Instance.Execute(eventCode,message);
                break;
            case AreaCode.NET:
                NetManager.Instance.Execute(eventCode,message);
                break;
            case AreaCode.GAME:
                break;
            case AreaCode.UI:
                UIManager.Instance.Execute(eventCode,message);
                break;
            case AreaCode.SCENE:
                SceneMgr.Instance.Execute(eventCode,message);
                break;
            default:
                break;
        }
    }
}
```

3．客户端代码

```
using System;
using System.Collections;
using System.Collections.Generic;
using System.Net.Sockets;
using UnityEngine;
///<summary>
///客户端 socket 的封装
///</summary>
public class ClientPeer
{
    private Socket socket;
    private string ip;
    private int port;
```

```
///<summary>
///构造连接对象
///</summary>
///<param name="ip">IP 地址</param>
///<param name="port">端口号</param>
public ClientPeer(string ip,int port)
{
    try
    {
        socket = new Socket(AddressFamily.InterNetwork,SocketType.
Stream,ProtocolType.Tcp);
        this.ip = ip;
        this.port = port;
    }
    catch(System.Exception e)
    {
        Debug.LogError(e.Message);
    }
}
//连接方法
public void Connect()
{
    try
    {
        socket.Connect(ip, port);
        Debug.Log("连接服务器成功！");
        startReceive();
    }
    catch(Exception e)
    {
        Debug.LogError(e.Message);
    }
}
#region 接收数据
//接收的数据缓冲区
private byte[] receiveBuffer=new byte[1024];
///<summary>
///一旦接收到数据就存到缓存区中
///</summary>
private List<byte> dataCache=new List<byte>();
private bool isProcessReceive=false;
//消息队列
public Queue<SocketMsg> SocketMsgQueue=new Queue<SocketMsg>();
///<summary>
///开始异步接收数据
```

```
        ///</summary>
        private void startReceive()
        {
            if (socket==null && socket.Connected==false)
            {
                Debug.LogError("没有连接成功，无法发送数据");
                return;
            }
            //异步接收数据
            socket.BeginReceive(receiveBuffer,0,1024,SocketFlags.None,
receiveCallBack, socket);
        }
        ///<summary>
        ///收到消息的回调
        ///</summary>
        private void receiveCallBack(IAsyncResult ar)
        {
            try
            {
                int length=socket.EndReceive(ar);
                byte[] tmpByteArray=new byte[length];
                Buffer.BlockCopy(receiveBuffer,0,tmpByteArray,0,length);
                //处理收到的数据
                dataCache.AddRange(tmpByteArray);
                if (isProcessReceive==false)
                    processReceive();
                //循环接收数据
                startReceive();
            }
            catch (Exception e)
            {
                Debug.LogError(e.Message);
            }
        }
        ///<summary>
        ///处理收到的数据
        ///</summary>
        private void processReceive()
        {
            isProcessReceive=true;
            //解析数据包
            byte[] data=EncodeTool.DecodePacket(ref dataCache);
            if (data==null)
            {
                isProcessReceive=false;
```

```
            return;
        }
        SocketMsg msg=EncodeTool.DecodeMsg(data);
        //存储消息，等待处理
        SocketMsgQueue.Enqueue(msg);
        //尾递归
        processReceive();
    }
    #endregion
    #region 发送数据
    public void Send(int opCode,int subCode,object value)
    {
        SocketMsg msg=new SocketMsg(opCode,subCod,value);
        Send(msg);
    }
    //发送网络消息
    public void Send(SocketMsg msg)
    {
        byte[] data=EncodeTool.EncodeMsg(msg);
        byte[] packet=EncodeTool.EncodePacket(data);

        try
        {
            socket.Send(packet);
        }
        catch(Exception e)
        {
            Debug.LogError(e.Message);
        }
    }
    #endregion
}
```

4. 客户端基类代码

```
using System;
using System.Collections.Generic;
///<summary>
///客户端处理基类
///</summary>
public abstract class HandlerBase
{
    public abstract void OnReceive(int subCode,object value);
    ///<summary>
    ///为了方便发送消息
```

```
        ///</summary>
    protected void Dispatch(int areaCode,int eventCode,object message)
    {
        //通过消息中心发送消息
        MsgCenter.Instance.Dispatch(areaCode,eventCode,message);
    }
}
```

5. 具体实例代码

```
using Protocol.Code;
using System;
using System.Collections.Generic;
using UnityEngine;

public class AccoutHandler:HandlerBase
{
    public override void OnReceive(int subCode,object value)
    {
        switch(subCode)
        {
            //接收到服务端发来的登录响应
            case AccountCode.LOGIN:
                loginResponse((int)value);
                break;
            //接收到服务端发来的注册响应
            case AccountCode.REGIST_SRES:
                registResponse((int)value);
                //registResponse(value.ToString());
                break;
            default:
                break;
        }
    }
    private PromptMsg promptMsg=new PromptMsg();
    ///<summary>
    ///登录响应
    ///</summary>
    private void loginResponse(int result)
    {
        switch(result)
        {
            case 0:
                //跳转场景
                LoadSceneMsg msg=new LoadSceneMsg(1,
```

```
                        delegate()
                        {
                            //向服务器获取信息
                            SocketMsg socketMsg=new SocketMsg(OpCode.USER, UserCode.
GET_INFO_CREQ,null);
                            Dispatch(AreaCode.NET,0,socketMsg);
                            //Debug.Log("加载完成！");
                        });
                Dispatch(AreaCode.SCENE,SceneEvent.LOAD_SCENE,msg);
                break;
            case -1:
                promptMsg.Change("账号不存在",Color.red);
                Dispatch(AreaCode.UI,UIEvent.PROMPT_MSG,promptMsg);
                break;
            case -2:
                promptMsg.Change("账号在线",Color.red);
                Dispatch(AreaCode.UI,UIEvent.PROMPT_MSG,promptMsg);
                break;
            case -3:
                promptMsg.Change("账号密码不匹配",Color.red);
                Dispatch(AreaCode.UI,UIEvent.PROMPT_MSG,promptMsg);
                break;
            default:
                break;
        }
    }
    ///<summary>
    ///注册响应
    ///</summary>
    public void registResponse(int result)
    {
        switch(result)
        {
        case 0:
            promptMsg.Change("注册成功",Color.green);
            Dispatch(AreaCode.UI, UIEvent.PROMPT_MSG,promptMsg);
            break;
        case -1:
            promptMsg.Change("账号已经存在",Color.red);
            Dispatch(AreaCode.UI, UIEvent.PROMPT_MSG,promptMsg);
            break;
        case -2:
            promptMsg.Change("账号输入不合法",Color.red);
            Dispatch(AreaCode.UI, UIEvent.PROMPT_MSG,promptMsg);
            break;
```

```
    case -3:
        promptMsg.Change("密码不合法", Color.red);
        Dispatch(AreaCode.UI, UIEvent.PROMPT_MSG,promptMsg);
        break;
    default:
        break;
    }


    }
}
```

2.4　本章小结

2.1 节介绍了项目架构的需求分析，根据需求梳理出要制作的场景，整理出详细功能和子系统，设计出子系统的层级结构，抽象出业务模块的框架，规划出系统框架。以网络斗地主游戏为例，可以分为登录、匹配、战斗这 3 个场景，有网络连接、通信协议、用户等子系统，有网络层、缓存层、逻辑层等层级结构，有角色、音效等业务模块。

2.2 节介绍了项目架构的概要设计，包括对整个系统进行模块功能的划分、对子系统之间交互关系的定义、对系统架构图的搭建和描述。以网络斗地主游戏为例，分为客户端和服务端两部分，各个子系统通过通信协议进行交互。

2.3 节介绍了项目架构的详细设计，包括搭建系统框架、提取公共组件、封装基础框架、封装业务框架、开发模块功能等。以网络斗地主游戏为例，提取模型层的定义作为公共组件，封装了网络连接的基础框架，还有以消息中心为主的业务框架，开发了网络模块的所有功能。

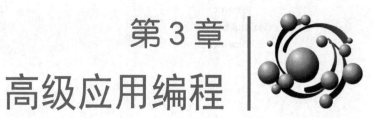

第 3 章
高级应用编程

学习任务

【任务 1】了解面向过程高级编程中日志输出与代码调试的主要步骤。

【任务 2】了解枚举与结构体的优点和缺点，以及位运算的运算法则，掌握函数的应用技巧。

【任务 3】了解构造函数、继承、多态、委托等的定义，并掌握其实现方式。

【任务 4】了解面向对象高级编程中设计模式的类型，并掌握其应用技巧。

【任务 5】了解重载、事件、接口等的内涵及其实现步骤。

【任务 6】了解网络编程中 C/S 结构、TCP/IP 参考模型、网络协议、IP 地址、端口号等的基本概念。

【任务 7】了解 Socket API 与 TCP 流式套接字编程的基本步骤，掌握其操作技巧。

学习路线

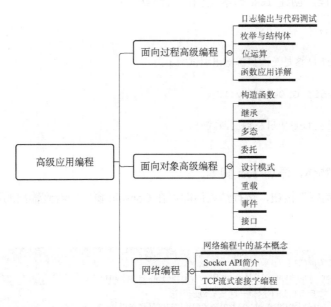

3.1 面向过程高级编程

3.1.1 日志输出与代码调试

1. 日志输出

在项目开发过程中，经常需要打印一些数据，通过这些数据，可以了解程序是否按照计划正常运行，也可以判断哪里出现了问题，以及出现了什么问题。

以 Unity 引擎为例，可以通过 Console 窗口查看输出的日志。执行 Window→General→Console 命令即可打开 Console 窗口，如图 3-1-1 所示。

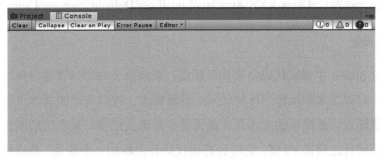

图 3-1-1　Console 窗口

下面举例演示日志的输出功能，具体的操作步骤如下。

（1）新建工程，创建 Test 脚本文档，代码如下：

```
void Start()
    {
        print("这是一次日志输出调试");
    }
  public void OnDestroy()
    {
        Debug.Log("日志输出调试");
    }
```

（2）创建空物体，添加 Test 脚本。

（3）单击"运行"按钮，运行结束后即可在 Console 窗口中看到输出的语句，如图 3-1-2 所示。

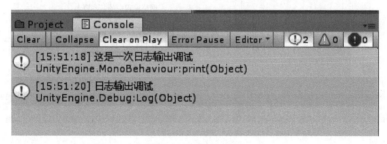

图 3-1-2　运行效果

（4）打包场景，运行之后观察输出日志。项目发布后，有些报错并不会在场景中显示，此时通过查看日志文件能够更好地检测项目的运行情况，如图 3-1-3 所示。

名称	修改日期	类型	大小
Unity	2020/4/26 13:58	文件夹	
output_log.txt	2020/4/26 14:14	文本文档	1 KB

图 3-1-3　日志文件

文件路径一般为 C:\Users\XXX\AppData\LocalLow\DefaultCompany\Unity Test Project。

2．代码调试

在 Visual Studio 中调试代码需要使用断点，断点用于通知调试器在何时、何处暂停程序的执行，可以在实际执行的任何代码上设置断点。代码调试的具体步骤如下。

（1）设置断点，最简单的方法是在编辑器中单击文档窗口最左边的灰色区域，或者在选中的合适的行之后按 F9 键，这样会在该代码行上添加一个断点，断点用编辑器中代码行左边的红色圆圈表示，如图 3-1-4 所示。再次单击红点处或按 F9 键可以删除断点。

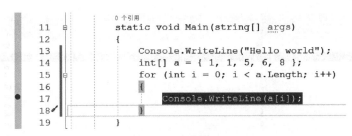

图 3-1-4 设置断点

（2）启动程序后，在程序执行到该行时将暂停执行，并把控制权转交给调试器，加断点的行会变为黄色，表示下一步将执行此行，如图 3-1-5 所示。

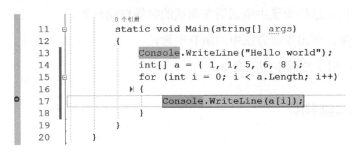

图 3-1-5 测试断点

（3）在中断模式下，可以使用断点工具条中的命令进行相应的调试。断点工具条如图 3-1-6 所示。

图 3-1-6 断点工具条

① 逐语句，如果当前高亮语句是方法调用，则调试器会进入方法内部，快捷键是 F11。

② 逐过程，用于一条一条地执行代码，单击如图 3-1-6 所示的标记为 1 的按钮之后，执行会停在调用语句的下一条语句上，快捷键是 F10。

③ 跳出，在一个方法内部调试时会用到，单击如图 3-1-6 所示的标记为 2 的按钮之后，调试器会完成此方法的执行，之后在调用此方法的语句的下一条语句处暂停，快捷键是 Shift+F11。

④ 继续，重新执行程序，单击如图 3-1-6 所示的标记为 4 的按钮之后，继续程序的执行，直到遇到下一个断点，快捷键是 F5。

（4）监视窗口，在中断模式下，Visual Studio 会自动打开监视窗口，有 3 个并列小窗口，分别为自动窗口、局部变量和监视 1，如图 3-1-7 所示。

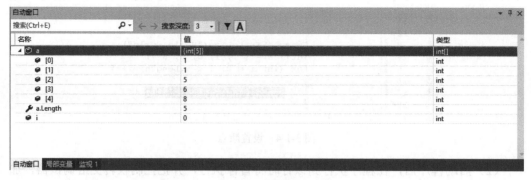

图 3-1-7 监视窗口

① 自动窗口：这些变量由调试器在调试的时候自动检测。

② 局部变量：列出当前方法中的所有变量。

③ 监视 1：用于监视添加的变量。

3.1.2 枚举与结构体

1. 枚举

枚举是用户定义的整数类型，在默认情况下，枚举中每个元素的基础类型是 int，在声明一个枚举时，要指定该枚举的实例可以包含的一组可以接受的值，还可以为值指定易于记忆的名称。

（1）枚举的优点主要包括以下几点。

① 枚举使代码更易于维护，有助于确保为变量指定合法的、期望的值。

② 枚举使代码更清晰，允许用描述性的名称表示整数值，而不是用含义模糊的数来表达。

③ 枚举使代码更易于输入，在为枚举的实例赋值时，VS.NET IDE 会通过 IntelliSense 弹出一个包含可接受值的列表框，减少按键次数能够让我们回忆起可能的值。

（2）枚举实例如下：

```
public enum TimeofDay
{
Moring=0,
Afternoon=1,
Evening=2
}
```

（3）枚举应用如下：

```
using System;
```

```
namespace ConsoleApp1
{
class Program
{
static void Main(string[] args)
{
WriteGeeting(TimeofDay.Moring);
}
static void WriteGeeting(TimeofDay timeofDay)
{
switch (timeofDay)
{
case TimeofDay.Moring:
Console.WriteLine("Good Morning!");
break;
case TimeofDay.Afternoon:
Console.WriteLine("Good Afternoon!");
break;
case TimeofDay.Evening:
Console.WriteLine("Good Evening!");
break;
default:
Console.WriteLine("Hello!");
break;
}
}
}
public enum TimeofDay
{
Moring=0,
Afternoon=1,
Evening=2
}
}
```

2. 结构体

结构体是自定义类型，定义方法如下：

`Struct 结构体名 {结构体内容}`

（1）结构体的特点主要包括以下几点。

① 结构体可带有方法、字段、索引、属性、运算符方法和事件，但字段不能有初值。

② 结构体是值类型。

③ 结构体不能继承其他结构或类。

④ 结构体可以不使用 New 操作符即可被实例化。

（2）结构体实例。

① 创建结构体的代码如下：

```
struct Student  //学生类型
{
public string Name;
public string Sex;
public int Age;
}
```

② 结构体类型变量声明及字段赋值的代码如下：

```
Student xiaoming;  //学生结构属性赋值
xiaoming.Name="xiaoming";
xiaoming.Age=16;
xiaoming.Sex="男";
```

3.1.3　位运算

1．位运算的含义

程序中的所有内容在计算机内存中都是以二进制形式存储的，即 0 和 1，位运算就是直接对在内存中的二进制数的每位进行运算操作。在 C#语言中，可以对整型运算对象按位进行逻辑运算，依次取运算对象的每个位进行逻辑运算，每个位上的逻辑运算结果会覆盖每个位上原有的值。

2．位运算符的种类

位运算符的种类主要包含位逻辑非运算、位逻辑与运算、位逻辑或运算、位逻辑异或运算、位左移运算、位右移运算，如表 3-1-1 所示。

表 3-1-1　位运算符的种类

位运算符	意义	运算对象类型	运算结果类型	对象数	实例
~	位逻辑非运算	整型，字符型	整型	1	~a
&	位逻辑与运算			2	a&b
|	位逻辑或运算			2	a | b
^	位逻辑异或运算			2	a ^ b
<<	位左移运算			2	a<<4
>>	位右移运算			2	a>>2

1）位逻辑非运算

位逻辑非运算是单目的，只有一个运算对象。位逻辑非运算按位对运算对象的值进行非运算，符号为~。

运算规则如下：~1=0；~0=1。

例如，对二进制数 10010001 进行位逻辑非运算，结果等于 01101110；用十进制数可以表示为~145 等于 110。

2）位逻辑与运算

位逻辑与运算将两个运算对象按位进行与运算，符号为&。

运算规则如下：1&1=1；0&1=0；0&0=0。

下面举例说明：

```
using System;
namespace Test
{
class Program
{
static void Main(string[]args)
{
int a=11;//11 的二进制形式是 0000 1011
int b=13;//13 的二进制形式是 0000 1101
Console.WriteLine(a&b);
//11&13 的结果就是 0000 1001，即结果是 9
Console.ReadLine();
}
}
}
```

运行结果如下：

```
9
```

3）位逻辑或运算

位逻辑或运算将两个运算对象按位进行或运算，符号为 |。

运算规则如下：1|1=1；1|0=1；0|0=0。

下面举例说明：

```
using System;
namespace Test1
{
class Program
{
static void Main(string[]args)
{
```

```
int a=11;//11 的二进制形式是 0000 1011
int b=13;//13 的二进制形式是 0000 1101
Console.WriteLine(a|b);
//11|13 的结果就是 0000 1111，即结果是 15
Console.ReadLine();
}
}
}
```

运行结果如下：

```
15
```

4）位逻辑异或运算

位逻辑异或运算将两个运算对象按位进行异或运算，符号为^。

运算规则如下：1^1=0；1^0=1；0^0=0 （相同得 0，相异得 1）。

下面举例说明：

```
using System;
namespace Test2
{
class Program
{
static void Main(string[]args)
{
int a=11;//11 的二进制形式是 0000 1011
int b=13;//13 的二进制形式是 0000 1101
Console.WriteLine(a^b);
//11^13 的结果就是 0000 0110，即结果是 6
Console.ReadLine();
}
}
}
```

运行结果如下：

```
6
```

5）位左移运算

位左移运算将整个数按位左移若干位，左移后空出的部分填 0，符号为<<。

运算规则如下：a<<1 =a×2^1；a<<2 =a×2^2；a<<3 =a×2^3。

下面举例说明：

```
using System;
namespace Test3
{
```

```
class Program
{
static void Main(string[]args)
{
int a=11;//11 的二进制形式是 0000 1011
Console.WriteLine(a<<2);
//0000 1011 左位移 2 位的结果就是 0010 1100
//即结果是 44(11*2^2=44)
Console.ReadLine();
}
}
}
```

运行结果如下：

```
44
```

6）位右移运算

位右移运算将整个数按位右移若干位，右移后空出的部分填 0，符号为>>。

运算规则如下：a>>1 = a÷2^1；a>>2 = a÷2^2；a>>3 = a÷2^3。

下面举例说明：

```
using System;
namespace Test4
{
class Program
{
static void Main(string[]args)
{
int a=11;//11 的二进制形式是 0000 1011
Console.WriteLine(a >> 2);
//0000 1011 右位移 2 位的结果就是 0000 0010
//即结果是 2(11÷(2^2)=2)
Console.ReadLine();
}
}
}
```

运行结果如下：

```
2
```

3.1.4　函数应用详解

在设计一个较大的程序时，往往需要把它分为若干程序模块，每个模块包括一个或多个函数，每个函数实现一个特定的功能。常用的函数编写完之后，需要使用时便可直接调用，这样可以降低程序的冗余性，使程序变得更加精练。

1. 函数的定义

定义函数的基本格式如下：

```
<访问修饰符>+返回值类型+函数名称+(参数列表)
{
函数体
}
```

下面举例说明：

```
using System;
namespace test
{
class Program
{
static void write()        //void表示无返回值，Write为方法名
{
//函数体也叫方法体，这里写执行文件，打印Hello World
Console.WriteLine("Hello World");
return;                    //这个语句用来结束当前函数
}
static void Main(string args)
{
write();                   //函数调用，函数名称加括号
Console.ReadKey();
}
}
}
```

2. 函数的调用

调用函数的一般形式如下：

```
函数名(实参列表);
```

在调用函数的过程中，系统会把"实际参数"（通常简称为"实参"）的值传递给被调用函数的"形式参数"（通常简称为"形参"）。在定义函数时，函数名后面括号中的变量名称为形参，在主调函数中调用一个函数时，函数名后面括号中的参数称为实参。实参可以是常量、变量或表达式。

下面举例说明：

```
namespace AddNum
{
```

```
class Program
{
//定义一个函数 Plus()，计算两数之和
static int Plus(int num1,int num2)//num1 和 num2 为形参
{
int sum=num1+num2;
return sum;
}
static void Main(string[] args)
{
int i1=45;
int i2=90;
int res1=Plus(i1, i2);
//i1 和 i2 为实参，实参会传递给形参进行运算
int res2=Plus(45, 65);
Console.ReadKey();
}
}
}
```

3.2 面向对象高级编程

3.2.1 构造函数

构造函数是类的一种特殊的成员方法，主要是为了给初始化对象赋值，当创建类的新对象时执行。构造函数的名称与类的名称完全相同，并且没有任何返回类型。根据可访问性可以将构造函数分为实例构造函数、私有构造函数和静态构造函数。实例构造函数可以在创建类的对象时调用；私有构造函数只能在类的内部调用；静态构造函数不属于某个类的对象，只能由.NET 调用一次。

1．实例构造函数

使用关键字 new 创建某个类的对象时，会使用实例构造函数创建和初始化所有实例成员变量。

1）无参构造函数

下面举例说明：

```
public class Test
{
    int j;
```

```
    public Test()
    {
        j=4;
        Console.WriteLine("I am Test,{0}", j);
    }
    static void Main(string[] args)
    {
        Test t=new Test();
        Console.Read();
    }
}
```

运行结果如下：

```
I am Test,0
```

首先定义一个私有成员 j，经过初始化为其赋一个初值 4，实例化类 Test 时，就会执行实例构造函数。诸如此类不带参数的构造函数被称为"默认构造函数"，如果某个类没有构造函数，则会自动生成一个默认构造函数，并使用默认值来初始化对象字段。

2）有参构造函数

下面举例说明：

```
public class Test
    {
        int j;
        public Test(int i)
        {
            j=2;
            Console.WriteLine("I am Test,i={0},j={1}",i, j);
        }
        static void Main(string[]args)
        {
            Test t=new Test(1);
            Console.Read();
        }
    }
```

运行结果如下：

```
I am Test i=1,j=2
```

3）既有有参又有无参构造函数

下面举例说明：

```
public class Test
    {
        int j;
```

```
    Public Test()
    {
     j=3;
     Console.WriteLine("I am Test 默认构造函数,j={0}", j);
    }
    public Test(int i)
    {
j=2;
Console.WriteLine("I am Test 有参构造函数,i={0},j={1}",i, j);
    }
    static void Main(string[] args)
    {
        Test t1=new Test();
        Test t2=new Test(1);
        Console.Read();
    }
}
```

运行结果如下：

```
I am Test 默认构造函数 j=3
I am Test 有参构造函数 i=1,j=2
```

2. 私有构造函数

私有构造函数是一种特殊的实例构造函数，通常用在只包含静态成员的类中，如工具类和单例模式。如果不对构造函数使用访问修饰符，则在默认情况下仍为私有构造函数。但是，通常显示使用 private 修饰符来清楚地表明该类不能被实例化。

下面举例说明：

```
class Singleton
    {
        private static Singleton s=null;
        private Singleton()
        {
          Console.WriteLine("这是一个私有构造函数");
        }
        public static Singleton getInstance()
        {
            if (s==null)
            {
                s=new Singleton();
            }
            return s;
        }
    }
  public class Test
    {
```

```
static void Main(string[] args)
{
    Singleton.getInstance();
    Console.Read();
}
}
```

运行结果如下：

这是一个私有构造函数

3．静态构造函数

静态构造函数既没有访问修饰符，也没有参数，用来初始化静态变量。这个构造函数是属于类的，而不是属于哪个实例的，并且只会被执行一次，也就是在创建第一个实例或引用任何静态成员之前，由.NET 自动调用。

下面举例说明：

```
public class Test
{
    static int i;
    static Test()
    {
        i=1;
        Console.WriteLine("I am Test 默认构造函数 i={0}", i);
    }
}
public class ProgramTest
{
    static void Main(string[] args)
    {
        Test t1=new Test();
        Console.Read();
    }
}
```

运行结果如下：

I am Test 默认构造函数 i=1

3.2.2 继承

继承是面向对象程序设计中最重要的概念之一。在现有类（基类、父类）上建立新类（派生类、子类）的处理过程称为继承。派生类能自动获得基类除构造函数和析构函数之外的所有成员，可以在派生类中添加新的属性和方法扩展其功能。

在 C#语言中，类与类之间只存在单一继承，即一个类的直接基类只能有一个。多重继承指的是一个类可以同时从多于一个父类那里继承行为与特征的功能，C#语言不支持多重继承，但是可以使用接口实现多重继承。

1. 简单继承的实现

在派生类中访问基类中的成员一般有 2 种方式：一是通过调用 base.<成员> 调用基类，二是将显示类型转换为父类。

下面举例说明：

```
class Program
    {
        static void Main(string[]args)
        {
            Man man = new Man();
            man.Eat();
    /*在派生类中访问基类中的成员一般有 2 种方式：一是通过调用base.<成员> 调用基类，二
是将显示类型转换为父类*/
            ((People)man).Eat();
        }
    }
public class People
    {
        public People()
        {
            Console.WriteLine("父类的构造函数");
        }
        public void Eat( )
        {
            Console.WriteLine("父类吃饭");
        }
    }
    class Man:People
    {
        public Man()
        {
            Console.WriteLine("子类构造函数");
        }
        public void WhoEat()
        {
            base.Eat();
        }
    }
```

运行结果如下：

```
父类的构造函数
```

```
子类构造函数
父类吃饭
父类吃饭
```

从运行结果可以看出，继承时先执行父类构造函数，然后执行子类构造函数，最后执行方法。

2. 隐藏基类成员

当派生类需要覆盖基类的方法时，C#语言使用 new 修饰符来隐藏基类成员。

下面举例说明：

```csharp
class Program
    {
        static void Main(string[]args)
        {
            Man man=new Man();
            man.Eat();
        }
    }
    public class People
    {
        public People()
        {
            Console.WriteLine("父类的构造函数");
        }
        public void Eat()
        {
            Console.WriteLine("我是父类");
        }
    }
    class Man:People
    {
        public Man()
        {
            Console.WriteLine("子类构造函数");
        }
        public new void Eat()
        {
            Console.WriteLine("我是子类");
        }
    }
```

运行结果如下：

```
父类的构造函数
子类构造函数
我是子类
```

3. 密封类

在不做约束的情况下，所有类都可以被继承，这种继承的滥用会使类的层次结构十分庞大，类与类之间的关系会变得很乱，导致无法理解。因此，C#语言提供了密封类，只需要在父类前加上 sealed 修饰符，这个类就不能被继承了。密封方法也是在方法前加上 sealed 修饰符。

下面举例说明：

```
public sealed class myClass        //声明密封类
    {
        public int=0;
        public void method()
        {
            Console.WriteLine("密封类");
        }
    }
```

3.2.3　多态

多态是同一个行为具有多种不同的表现形式或形态的能力，多态性意味着有多重形式。在面向对象编程范式中，多态性往往表现为"一个接口，多个功能"。多态性可以是静态的，也可以是动态的。在静态多态性中，函数的响应是在编译时发生的；在动态多态性中，函数的响应是在运行时发生的。

1. 静态多态性

C#语言提供了 2 种技术来实现静态多态性，分别为函数重载和运算符重载。

函数重载将在 3.2.6 节介绍，本节主要介绍运算符重载。运算符重载是具有特殊名称的函数，是通过关键字 operator 后跟运算符的符号来定义的。与其他函数一样，重载运算符有返回类型和参数列表。

例如，为自定义的类 Box 实现加法运算符（+），具体如下：

```
using System;
namespace OperatorOvlApplication
{
   class Box
   {
     private double length;          //长度
     private double breadth;         //宽度
     private double height;          //高度
     public double getVolume()
```

```
    {
        return length*breadth*height;
    }
    public void setLength(double len)
    {
        length=len;
    }
    public void setBreadth( double bre )
    {
        breadth=bre;
    }
    public void setHeight( double hei )
    {
        height=hei;
    }
    //通过重载加法运算符把 2 个 Box 对象相加
    public static Box operator+(Box b, Box c)
    {
        Box box=new Box();
        box.length=b.length+c.length;
        box.breadth=b.breadth+c.breadth;
        box.height=b.height+c.height;
        return box;
    }
}
class Tester
{
    static void Main(string[]args)
    {
        Box Box1=new Box();              //声明 Box1，类型为 Box
        Box Box2=new Box();              //声明 Box2，类型为 Box
        Box Box3=new Box();              //声明 Box3，类型为 Box
        double volume=0.0;               //体积
        //Box1 详述
        Box1.setLength(6.0);
        Box1.setBreadth(7.0);
        Box1.setHeight(5.0);
        //Box2 详述
        Box2.setLength(12.0);
        Box2.setBreadth(13.0);
        Box2.setHeight(10.0);
        //Box1 的体积
        volume=Box1.getVolume();
        Console.WriteLine("Box1 的体积：{0}",volume);
        //Box2 的体积
        volume=Box2.getVolume();
        Console.WriteLine("Box2 的体积：{0}",volume);
        //把 2 个对象相加
        Box3=Box1 + Box2;
```

```
        //Box3 的体积
        volume=Box3.getVolume();
        Console.WriteLine("Box3 的体积：{0}",volume);
        Console.ReadKey();
    }
  }
}
```

运行结果如下：

```
Box1 的体积：210
Box2 的体积：1560
Box3 的体积：5400
```

C#语言中运算符重载的能力如表 3-2-1 所示。

表 3-2-1　C#语言中运算符重载的能力

运算符	描述
+, -, !, ~, ++, --	这些一元运算符只有一个操作数，并且可以被重载
+, -, *, /, %	这些二元运算符带有两个操作数，并且可以被重载
==, !=, <, >, <=, >=	这些比较运算符可以被重载
&&, ‖	这些条件逻辑运算符不能被直接重载
+=, -=, *=, /=, %=	这些赋值运算符不能被重载
=, ., ?:, ->, new, is, sizeof, typeof	这些运算符不能被重载

2. 动态多态性

动态多态性是通过抽象类和虚方法实现的。

1）抽象类

抽象类的定义使用关键字 abstract，抽象类不能实例化。抽象方法也是使用 abstract 修饰符声明的，没有具体执行代码，并且只有在抽象类中才允许出现。抽象方法必须在每个非抽象派生类中重写。

下面举例说明：

```
class Program
  {
      static void Main(string[]args)
      {
          Man man=new Man();
          man.Eat();
          man.Say();
      }
  }
  public abstract class People
  {
```

```
        //如果类中有抽象方法，则类必须声明为抽象类
        public People()
        {
            Console.WriteLine("父类的构造函数");
        }
        public abstract void Eat();
        /*
有时候不想把类声明为抽象类，但又想实现方法在基类中不具体实现，
而是想实现方法由派生类重写。遇到这种情况时可以使用关键字 virtual 将方法声明为虚方法
        */
        public virtual void Say()
        {
            //虚方法必须声明方法主体，抽象方法则不需要
            Console.WriteLine("我是父类的虚方法");
        }
    }
    class Man:People
    {
        public Man()
        {
            Console.WriteLine("子类构造函数");
        }
        public override void Eat()
        {
            Console.WriteLine("我是子类");
        }
        public override void Say()
        {
            Console.WriteLine("我是子类的 Say 方法");
        }
    }
```

运行结果如下：

```
父类的构造函数
子类构造函数
我是子类
我是子类的 Say 方法
```

2）虚方法

如果在一个实例方法的声明中含有 virtual 修饰符，则将其称为虚方法。虚方法可以在派生类中重写（override）。当某个实例方法声明中包括 override 修饰符时，该方法将重写所继承的具有相同签名的虚方法。

下面举例说明：

```
class Program
{
```

```
        //希望 person 中存在哪个类的对象就调用哪个类的方法
        //第一步，将父类中对应方法加关键字 virtual，变为虚方法（子类可重写）
        //子类中方法用关键字 override 将父类虚方法重写
        static void Main(string[] args)
        {
            Person[] person = new Person[3];
            person[0] = new American();
            person[1] = new Japan();
            person[2] = new Chinese();
            for (int i = 0; i < person.Length; i++)
            {
                person[i].Say();//体现了多态
            }
        }
    }
    public class Person
    {
        public string Name { get; set; }
        public int Age { get; set; }
        public virtual void Say()
        {
            Console.Write("Person");
        }
    }
    public class American:Person
    {
        public override void Say()
        {
            Console.WriteLine("我是美国人");
        }
    }
    public class Japan:Person
    {
        public override void Say()
        {
            Console.WriteLine("我是日本人");
        }
    }
    public class Chinese : Person
    {
        public override void Say()
        {
            Console.WriteLine("我是中国人");
        }
    }
```

运行结果如下：

我是美国人

```
我是日本人
我是中国人
```

3.2.4 委托

委托表示对具有特定参数列表和返回类型的方法的引用，通过委托可以将方法视为可分配给变量，并且可以作为参数传递的实体。委托用于实现事件和回调方法，表示的是一个或多个方法的集合，这些方法具有相同的签名和返回类型。

首先要定义使用的委托，告诉编译器这种类型的委托表示哪种类型的方法。然后创建该委托的一个或多个实例，编译器在后台将创建表示委托的一个类。

1．声明委托

声明委托的语法格式如下：

```
delegate <返回类型> <委托名称> <参数列表>
```

定义一个委托，表示的方法不带参数，返回一个 string 型的值，代码如下：

```
delegate string MyDel();
```

其语法与方法的定义类似，但没有方法主体，其定义的前边要加上关键字 delegate，因为定义委托基本上是定义一个新类，所以可以在定义类的任何相同地方定义委托。既可以在另一个类的内部定义委托，也可以在名称空间把委托定义为顶层对象，根据定义的可见性和委托的作用域，可以在委托的定义中应用任意常见的访问修饰符，如 public、private、protect 等。

2．使用委托

委托对象必须使用关键字 new 来创建，并且与一个特定的方法有关。当创建委托时，传递到 new 语句的参数就像方法调用一样，但是不带参数。

下面举例说明：

```
using System;
namespace Mytest
{
    class Program
    {
        static void Main(string[]args)
        {
            int x=4;
            MyDel Mydel=new MyDel(x.ToString);
```

```
        Console.WriteLine($"String is {Mydel()}");
    }
    private delegate string MyDel();
    }
}
```

运行结果如下：

```
String is 4
```

在上述代码中，实例化类型为 **MyDel** 的委托，并对它进行初始化，使其引用类型变量 x 的 **ToString** 方法。在 C#语言中，委托在语法上总是接受一个参数的构造函数，这个参数就是委托引用的方法，这个方法必须是匹配最初定义委托时的签名，所以在这个示例中，如果用不带参数并返回一个字符串的方法来初始化 **MyDel** 变量，就会产生一个编译错误。

3.2.5 设计模式

设计模式是对一套被反复使用的、经过合理分类的、用于提高开发效率的设计经验的总结。20 世纪 80 年代，4 人组（Gang of Four or GoF）将常用的 23 种软件设计模式进行了归纳整理，自此标志着软件设计模式的正式诞生。它旨在用"模式"来统一和沟通面向对象思想在分析、设计与解决问题之间的鸿沟。

设计模式可以分为 3 类：创建型、结构型和行为型。

创建型模式对类的实例化过程进行了抽象，能够将软件模块中对象的创建和对象的使用分离。为了使软件的结构更加清晰，外界只需要知道这些对象共同的接口，而不必清楚其具体的实现细节，这样整个系统的设计就更加符合单一职责原则。

结构型模式描述如何将类或对象结合在一起形成更大的结构，就像搭积木，可以通过简单积木的组合形成复杂的、功能更强大的结构。

行为型模式是对在不同对象之间划分责任和算法的抽象化。它关注类和对象的结构，同时重点关注它们之间的相互作用。行为型模式可以更加清晰地划分类与对象的职责，并研究系统在运行时实例对象之间的交互。

下面详细介绍创建型模式中的单例模式、结构型模式中的代理模式、行为型模式中的观察者模式。

1．单例模式

从"单例"的字面意思来看，一个类只有一个实例，所以单例模式也就是确保一个类只有一个实例，并提供一个全局访问点。

1）单例模式的应用实例

单例模式中只有一个类型，即 Singleton 类型，并且这个类型只有一个实例，可以通过 GetInstance 方法获取该类型的实例。

下面介绍单例 Singleton 模式的实现，具体代码如下：

```
///<summary>
///单例模式的实现
///</summary>
public sealed class Singleton
{
    //定义一个静态变量来保存类的实例
    private static Singleton uniqueInstance;
    //定义私有构造函数，使外界不能创建该类的实例
    private Singleton()
    {
    }
    ///<summary>
    ///定义公有方法提供一个全局访问点，也可以定义公有属性来提供全局访问点
    ///</summary>
    ///<returns></returns>
    public static Singleton GetInstance()
    {
        //如果类的实例不存在则创建，否则直接返回
        if (uniqueInstance==null)
        {
            uniqueInstance=new Singleton();
        }
        return uniqueInstance;
    }
}
```

2）单例模式的优点

（1）单例模式会阻止其他对象实例化其自己的单例对象的副本，从而确保所有对象都访问唯一实例。

（2）因为类控制了实例化过程，所以类可以灵活更改实例化过程。

3）单例模式的缺点

没有接口，不能继承，与单一职责原则存在冲突。

4）单例模式的使用场景

（1）需要频繁地进行对象的创建和销毁。

（2）创建对象时耗时过多或耗费资源过多，但又经常用到的对象。

（3）工具类对象。

（4）频繁访问数据库或文件的对象。

2．代理模式

某个对象提供一个代理，并由代理对象控制对原对象的引用。

1）代理模式的应用实例

下面的实例通过员工采购一批桌子，来介绍领导是如何利用普通员工作为自己的代理来为公司采购商品的，具体代码如下：

```
//抽象员工类
public abstract class Employee {
    public abstract void Purchase(string goods);
protected virtual void OnPurchasing(){
    Console.WriteLine("Employee.OnPurchasing()");
}
protected virtual void OnPurchased(){
    Console.WriteLine("Employee.OnPurchased()");
}
}
//具体员工类
public class Staff:Employee {
public override void Purchase(string goods){
    OnPurchasing();
    Console.WriteLine($"Purchase some {goods}s!");
    OnPurchased();
}
protected override void OnPurchasing(){
    Console.WriteLine("Staff.OnPurchasing()");
}
 protected override void OnPurchased(){
    Console.WriteLine("Staff.OnPurchased()");
}
 }
/*领导类，内部持有一个员工的引用，并在 Purchase 采购方法中调用普通员工的采购方法完成
一次代理购物*/
public class Leader : Employee {
 private Staff _staff=null;
public Leader(){
    _staff=new Staff();
}
 public override void Purchase(string goods){
    _staff.Purchase(goods);
}
}
 }
//主程序
public class Program{
 private static Employee _employee=null;
 public static void Main(string[] args) {
    _employee=new Leader();
```

```
    _employee.Purchase("desk");
        Console.ReadKey();
    }
 }
```

运行结果如下：

```
Staff.OnPurchasing()
Purchase some desks!
Staff.OnPurchased()
```

2）代理模式的优点

（1）代理模式能够将调用者与真正被调用的对象隔离，在一定程度上降低了系统的耦合度。

（2）代理对象在客户端和目标对象之间起中介作用，这样可以对目标对象进行保护。

（3）代理对象可以在对目标对象发出请求之前进行额外的操作，如权限检查等。

3）代理模式的缺点

（1）由于在客户端和真实主题之间增加了代理对象，因此有些类型的代理模式可能会造成请求的处理速度变慢。

（2）实现代理模式需要额外的工作，从而增加了系统的实现复杂度。

4）代理模式的使用场景

（1）当客户端对象需要访问远程主机中的对象时，可以使用远程代理。

（2）当需要用一个消耗资源较少的对象代表一个消耗资源较多的对象来降低系统开销、缩短运行时间时，可以使用虚拟代理。

（3）当需要为某个被频繁访问的操作结果提供一个临时存储空间，以供多个客户端共享访问这些结果时，可以使用缓冲代理。

（4）当需要控制对一个对象的访问，从而为不同用户提供不同级别的访问权限时，可以使用保护代理。

3. 观察者模式

定义对象之间一种一对多的依赖关系，以便当一个对象的状态发生改变时，所有依赖于它的对象都能得到通知并自动更新。观察者模式在模块之间划定了清晰的界限，提高了应用程序的可维护性和重用性。

1）观察者模式的应用实例

下面以账户余额发生变化时银行发送短信为例介绍观察者模式的实现，具体代码如下：

```
namespace 观察者模式的实现
{
    //银行短信系统抽象接口，是被观察者，该类型相当于抽象主体角色（Subject）
    public abstract class BankMessageSystem
    {
        protected IList<Depositor> observers;
        //构造函数初始化观察者列表实例
        protected BankMessageSystem()
        {
            observers=new List<Depositor>();
        }
        //增加预约储户
        public abstract void Add(Depositor depositor);
        //删除预约储户
        public abstract void Delete(Depositor depositor);
        //通知储户
        public void Notify()
        {
            foreach(Depositor depositor in observers)
            {
                if(depositor.AccountIsChanged)
                {
depositor.Update(depositor.Balance depositor.OperationDateTime);
                    //账户发生了变化，并且通知了，储户的账户就认为没有变化
                    depositor.AccountIsChanged = false;
                }
            }
        }
    }
    //北京银行短信系统，是被观察者，该类型相当于具体主体角色（ConcreteSubject）
    public sealed class BeiJingBankMessageSystem:BankMessageSystem
    {
        //增加预约储户
        public override void Add(Depositor depositor)
        {
            //应该先判断该用户是否存在，存在不操作，不存在则增加到储户列表中，这里简化了
            observers.Add(depositor);
        }
        //删除预约储户
        public override void Delete(Depositor depositor)
        {
            //应该先判断该用户是否存在，存在则删除，不存在无操作，这里简化了
            observers.Remove(depositor);
        }
    }
    //储户的抽象接口，相当于抽象观察者角色（Observer）
    public abstract class Depositor
    {
        //状态数据
```

```csharp
        private string _name;
        private int _balance;
        private int _total;
        private bool _isChanged;
        //初始化状态数据
        protected Depositor(string name, int total)
        {
            this._name=name;
            this._balance=total;          //存款总额等于余额
            this._isChanged=false;        //账户未发生变化
        }
        //储户的名称，假设是唯一的
        public string Name
        {
            get { return _name;}
            private set{this._name=value;}
        }
        public int Balance
        {
            get { return this._balance;}
        }
        //取钱
        public void GetMoney(int num)
        {
            if (num<=this._balance&&num>0)
            {
                this._balance=this._balance-num;
                this._isChanged=true;
                OperationDateTime=DateTime.Now;
            }
        }
        //账户操作时间
        public DateTime OperationDateTime{get;set;}
        //账户是否发生变化
        public bool AccountIsChanged
        {
            get{return this._isChanged;}
            set{this._isChanged = value;}
        }
        //更新储户状态
        public abstract void Update(int currentBalance,DateTime dateTime);
    }
    //北京的具体储户，相当于具体观察者角色（ConcreteObserver）
    public sealed class BeiJingDepositor : Depositor
    {
public BeiJingDepositor(string name, int total):base(name, total){ }
public override void Update(int currentBalance, DateTime dateTime)
        {
Console.WriteLine(Name+":账户发生了变化,变化时间
```

```
        是" + dateTime.ToString()+",当前余额是"+currentBalance.ToString());
            }
        }
    //客户端（Client）
    class Program
    {
        static void Main(string[]args)
        {
            //我们有 3 位储户，都是武林高手，也比较有钱
            Depositor huangFeiHong = new BeiJingDepositor("黄飞鸿",3000);
            Depositor fangShiYu = new BeiJingDepositor("方世玉",1300);
            Depositor hongXiGuan = new BeiJingDepositor("洪熙官",2500);
            BankMessageSystem beijingBank = new BeiJingBankMessageSystem();
            //这 3 位储户开始订阅银行短信业务
            beijingBank.Add(huangFeiHong);
            beijingBank.Add(fangShiYu);
            beijingBank.Add(hongXiGuan);
            //黄飞鸿取 100 元
            huangFeiHong.GetMoney(100);
            beijingBank.Notify();
            //黄飞鸿和方世玉都取了钱
            huangFeiHong.GetMoney(200);
            fangShiYu.GetMoney(200);
            beijingBank.Notify();
            //他们 3 个都取了钱
            huangFeiHong.GetMoney(320);
            fangShiYu.GetMoney(4330);
            hongXiGuan.GetMoney(332);
            beijingBank.Notify();
            Console.Read();
        }
    }
}
```

2）观察者模式的优点

（1）观察者模式在被观察者和观察者之间建立一个抽象的耦合。被观察者角色所知道的只是一个具体观察者列表，每个具体观察者都通过实现一个抽象观察者接口来进行观察。被观察者并不了解每个具体观察者的内部细节，只知道它们都有一个共同的接口。

（2）由于被观察者和观察者没有紧密地耦合在一起，因此可以属于不同的抽象化层次，并且符合里氏替换原则和依赖倒置原则。

3）观察者模式的缺点

（1）如果一个被观察者对象维持了较多的观察者，将所有的观察者都通知到就会花费很多时间。

（2）如果被观察者之间存在循环依赖，那么被观察者就可能会触发它们之间的循环

调用，导致系统崩溃。

（3）虽然观察者模式可以随时使观察者知道所观察的对象发生了变化，但是观察者模式没有相应的机制使观察者知道所观察的对象是如何发生变化的。

4）观察者模式的使用场景

（1）对一个对象的状态进行更新，需要其他对象同步更新，而且其他对象的数量动态可变。

（2）对象仅需要将自己的更新通知给其他对象，而不需要知道其他对象的内部细节。

3.2.6 重载

在面向对象的语言中，允许在同一个类中定义多个方法名相同但参数列表（参数类型、参数个数）不同的方法，这种形式被称为方法重载。调用时编译器会根据实际传入参数的形式，选择与其匹配的方法执行。

方法重载的条件包括以下几点。

（1）方法名相同。

（2）方法的参数类型不同或参数个数不同。

（3）在同一个类中。

例如，可以通过把构造函数声明为包含不同数目的参数，实现重载构造函数，具体示例如下：

```
public class MethOverload
{
    public void Methoverload1(int a) { }
    public void Methoverload2(string b) { }
    public void Methoverload3(int c,string d) { }
}
```

3.2.7 事件

类或对象可以通过事件向其他类或对象通知发生的相关事情。发送（或引发）事件的类被称为"发行者"，接收（或处理）事件的类被称为"订阅者"。事件基于委托，为委托提供了一种发布/订阅机制。

在 C#语言中使用事件的具体步骤如下。

（1）创建一个委托。

（2）在类的内部利用关键字 event 声明事件，具体格式如下：

修饰符 event 委托　标识符；

（3）定义处理事件消息的方法，签名要和声明的委托保持一致。

（4）把处理方法添加到产生事件对象的事件列表中。

（5）在程序中使用事件。

例如，实现猫叫后，主人醒了，老鼠跑了的效果，具体代码如下：

```
using System;
namespace DelegateDemo
{
    //定义猫叫委托
    public delegate void CatCallEventHandler();
    public class Cat
    {
        //定义猫叫事件
        public event CatCallEventHandler CatCall;
        public void OnCatCall()
        {
            Console.WriteLine("猫叫了一声");
            CatCall?.Invoke();
        }
    }
    public class Mouse
    {
        //定义老鼠跑掉的方法
        public void MouseRun()
        {
            Console.WriteLine("老鼠跑了");
        }
    }
    public class People
    {
        //定义主人醒来的方法
        public void WakeUp()
        {
            Console.WriteLine("主人醒了");
        }
    }
    class Program
    {
        static void Main(string[] args)
        {
            Cat cat = new Cat();
            Mouse m = new Mouse();
            People p = new People();
            //关联绑定事件
            cat.CatCall += new CatCallEventHandler(m.MouseRun);
            cat.CatCall += new CatCallEventHandler(p.WakeUp);
```

```
        //调用事件
        cat.OnCatCall();
        Console.ReadKey();
    }
  }
}
```

运行结果如下：

```
猫叫了一声
老鼠跑了
主人醒了
```

3.2.8 接口

接口用于描述一组类的公共方法或公共属性，它不实现任何方法或属性，只是告诉继承它的类至少要实现哪些功能。接口使用关键字 interface 声明，它与类的声明类似，接口声明默认是 public 的，通常接口声明以字母 I 开头。下面是一个接口声明的实例：

```
interface IMyInterface
{
    void MethodToImplement();
}
```

例如，一个银行账户相当于一个类，这些不同等级的银行账户具有一些共同的基本功能（如存钱、取钱等），等级高的账户还有一些额外功能，用于提升银行的服务水平，所以这些账户类中既有共同的函数，又具有差异性，具体代码如下：

```
using System;
using System.Diagnostics.Tracing;
using System.Dynamic;
using System.Linq;
using System.Text;
namespace ConsoleApp2
{
    class Program
    {
        static void Main(string[]args)
        {
        SaverAccount sa = new SaverAccount();//实例化一个普通账户
        sa.PayIn(1000);                    //调用普通账户的存钱功能
        sa.Withdraw(500);                  //调用普通账户的取钱功能
        Console.WriteLine("普通卡账户余额:{0}",sa.Balance);
        GoldAccount ga=new GoldAccount();    //实例化一个高级账户
            ga.DealStarTip();
        //高级账户除了具有普通账户的功能，还具有高级账户自身的功能
```

```
        ga.PayIn(10000);           //调用高级账户具有的基本功能，即存钱
        ga.Withdraw(5000);          //调用高级账户具有的基本功能，即取钱
        Console.WriteLine("金卡账户余额:{0}",ga.Balance);
        ga.DealStopTip();
        Console.ReadLine();
        }
}
//账户接口1（所有账户都要继承此接口）
public interface IBankAccount
{
    void PayIn(decimal amount);
    bool Withdraw(decimal amount);
    decimal Balance{get;}
}
//账户接口2（高级账户继承此接口）
public interface IBankAdvanceAccount
{
    void DealStarTip();//交易开始提示功能
    void DealStopTip();//交易结束提示功能
}
//账户类1，普通储蓄账户
public class  SaverAccount:IBankAccount
{
    private decimal balance;
    public void PayIn(decimal account)
    {
        balance=balance+account;
    }
    public bool Withdraw(decimal amount)
    {
        if (balance>amount )
        {
            balance=balance-amount;
            return true;
        }
        Console.WriteLine("余额不足! ");
        return false;
    }
    public decimal Balance
    {
        get
        {
            return balance;
        }
    }
    public override string ToString()
    {
        return  string.Format("Saver Bank balance",balance);
    }
```

```
    }
    //账户类 2，金卡账户
    public class GoldAccount:IBankAccount, IBankAdvanceAccount
    {
        private decimal balance;
        public void PayIn(decimal account)
        {
            balance=balance+account;
        }
        public bool Withdraw(decimal amount)
        {
            if (balance>amount)
            {
                balance=balance-amount;
                return true;
            }
            Console.WriteLine("余额不足!");
            return false;
        }
        public decimal Balance
        {
            get
            {
                return balance;
            }
        }
        public override string ToString()
        {
            return String.Format("Saver Bank balance:", balance);
        }
        //金卡客户在交易开始的时候，必须实现这个函数
        public void DealStarTip()
        {
            Console.WriteLine("交易开始，请注意周围环境");
        }
        //金卡客户在交易结束的时候，必须实现这个函数
        public void DealStopTip()
        {
Console.WriteLine("交易结束，请带好您的贵重物品，欢迎下次光临!");
        }
    }
}
```

运行结果如下：

```
普通卡账户余额:500
交易开始，请注意周围环境!
金卡账户余额:5000
交易结束，请带好您的贵重物品，欢迎下次光临!
```

　　下面对上述代码进行解释：建立一个控制台应用项目，定义一个接口 1，这个接口是所有银行账户必须实现的接口，包含最基本的功能。再定义一个接口 2，接口 2 中包含高级银行账户的一些额外功能。然后定义一个高级账户，显然，这个高级账户必须实现接口 1，同时还要有体现自身价值的其他方法，就是实现接口 2。由高级账户类可以看出，除了具有普通账户类所具有的存钱、取钱、查询余额的功能，还具有一些高级账户彰显尊贵身份的独特功能，即提示用户注意安全的功能。

3.3　网络编程

3.3.1　网络编程中的基本概念

1．C/S 结构

　　C/S 即 Client/Server，是服务器客户端结构，是一种"一对多"的模式，一台服务器处理多个客户端发来的请求，完成了业务逻辑之后，再返回给客户端一些信息。C/S 结构的关键在于功能的分布，一些功能放在前端机（即客户机）上执行，另一些功能放在后端机（即服务器）上执行，功能的分布在于减少计算机系统的各种瓶颈问题。

2．TCP/IP 参考模型

　　网络可以按照 TCP/IP 参考模型划分层次，可划分为网络接口层、网际层、传输层和应用层。

　　1）网络接口层

　　网络接口层是 TCP/IP 参考模型的最低层，包括操作系统中的设备驱动程序、计算机中对应的网络接口卡，负责数据帧的发送和接收。

　　2）网际层

　　网际层的主要功能包括以下几点：处理来自传输层的分组发送请求，将分组装入 IP 数据包，填充报头，选择去往目的节点的路径，然后将数据包发送到适当的端口；处理输入数据包，首先检查数据包的合法性，然后进行路由选择；处理 ICMP 报文；处理路由的选择、流量控制和拥塞控制。

　　3）传输层

　　传输层负责在会话进程之间建立和维护端到端的连接，实现网络环境中分布式进程通信。传输层定义两种不同的协议：传输控制协议（TCP）与用户数据报协议（UDP）。

4）应用层

应用层是 TCP/IP 参考模型中的最高层，为应用软件提供接口，使应用程序能够使用网络服务，负责处理特定的应用程序细节。

3. 网络协议

网络协议是为计算机网络进行数据交换而建立的规则、标准或约定的集合。TCP/IP 参考模型中常见的协议有应用层的 FTP、HTTP、DNS 和 TELNET 协议，传输层的 TCP 和 UDP 协议，网际层的 IP、ARP 协议，以及网络接口层的 PPP 和 Ethernet 协议等。

1）TCP 协议

TCP 的中文全称是传输控制协议，是一种面向连接的、可靠的、基于字节流的传输层通信协议。

当建立一个 TCP 连接时，需要 3 次握手过程。第 1 次握手，客户端向服务端发送连接请求报文段；第 2 次握手，服务端收到连接请求报文段后，如果同意连接，则发送一个应答；第 3 次握手，当客户端收到连接同意的应答后，还要向服务端发送一个确认报文。

当断开一个 TCP 连接时，由于 TCP 是全双工的，两端都需要发送 FIN 和 ACK，因此需要 4 次握手过程。第 1 次握手，若客户端 A 认为数据发送完成，则需要向服务端 B 发送连接释放请求；第 2 次握手，服务端 B 收到连接释放的请求后，会告诉应用层要释放 TCP 连接；第 3 次握手，服务端 B 如果此时还有没发送完的数据则继续发送，发送完毕后会向客户端 A 发送连接释放请求；第 4 次握手，客户端 A 收到释放请求后，向服务端 B 发送确认应答。

TCP 协议具有如下特点。

（1）面向连接：是指发送数据之前必须在两端建立连接，建立连接的方法是"3 次握手"，这样能建立可靠的连接。

（2）仅支持单播传输：每条 TCP 传输连接只能有 2 个端点，并且只能进行点对点的数据传输，不支持多播和广播传输方式。

（3）面向字节流：TCP 不像 UDP 那样一个一个报文独立地传输，而是在不保留报文边界的情况下，以字节流方式进行传输。

（4）可靠传输：为了保证报文传输的可靠性，TCP 协议为每个包提供一个序号，同时序号也保证了传送到接收端实体的包的按序接收。

（5）全双工通信：TCP 协议允许通信双方的应用程序在任何时候都能发送数据，因为 TCP 连接的两端都设有缓存，用来临时存放双向通信的数据。

2）UDP 协议

UDP 的中文全称是用户数据报协议，在网络中用于处理数据包，是一种无连接的协议，具有如下特点。

（1）面向无连接：UDP 协议想发送数据就可以开始发送，并且只是数据报文的搬运工，不会对数据报文进行任何拆分和拼接操作。

（2）支持单播、多播：UDP 协议不止支持一对一的传输方式，同样支持一对多、多对多、多对一的方式，即 UDP 协议提供单播、多播、广播的功能。

（3）面向报文：UDP 协议对应用层交下来的报文，既不合并，也不拆分，而是保留这些报文的边界。

（4）不可靠性：体现在无连接上，通信都不需要建立连接，想发就发，这样的情况肯定不可靠。

4．IP 地址

IP 地址是 IP 协议中非常重要的内容，它为因特网上的每台计算机和其他设备都规定了一个唯一的地址。IP 地址是一个 32 位的二进制数，通常被分成 4 个 "8 位二进制数"，采用 "点分十进制" 表示成（a.b.c.d）的形式，a、b、c、d 都是 0～255 的十进制整数。

IP 地址分为公有地址和私有地址：公有地址分配给注册，并且向 Inter NIC 提出申请的组织机构，通过它直接访问因特网；私有地址属于非注册地址，专门为组织机构内部使用，如 C 类的 192.168.0.0～192.168.255.255。

特殊的网址有以下几种：每个字节都为 0 的地址（0.0.0.0），对应于当前主机；每个字节都为 1 的 IP 地址（255.255.255.255）是当前子网的广播地址；地址中的 127.0.0.1～127.255.255.255 用于回路测试，如 127.0.0.1 可以代表本机的 IP 地址，用 http://127.0.0.1 就可以测试本机中配置的 Web 服务器。

5．端口号

客户端可以通过 IP 地址找到对应的服务器端，但是服务器端有很多端口，每个应用程序对应一个端口号，通过类似门牌号的端口号，客户端才能真正访问该服务器。

在网络技术中，端口包括逻辑端口和物理端口。物理端口是用于连接物理设备的接口，如路由器上用于连接其他网络设备的 RJ-45 端口。逻辑端口是指逻辑意义上用于区分服务的端口，如用于浏览网页服务的 80 端口、用于 FTP 服务的 21 端口等。

TCP 与 UDP 段结构中的端口地址都是 16 位，可以是 0～65535 的端口号。端口号小于 256 的定义为常用端口，服务器一般都是通过常用端口号来识别的。端口号从 1024～49151 是被注册的端口，也称为"用户端口"，客户端只需要保证该端口号在本机上是唯一的就可以。

3.3.2　Socket API 简介

Socket 类提供了一组丰富的用于网络通信的方法和属性。Socket 类允许使用 ProtocolType 枚举中列出的任何通信协议执行同步和异步的数据传输，完成发送和接收数据的操作后，使用 Shutdown 方法禁用 Socket，最后调用 Close 方法释放与 Socket 关联的所有资源。下面详细介绍网络通信中主要步骤的 API。

1. 命名空间

需要添加的命名空间如下：

```
using System.Net;
using System.Net.Socket;
```

2. 构造新的 Socket 对象

使用指定的地址族、套接字类型和协议初始化 Socket 类的新实例，Socket 原型如下：

```
public Socket (System.Net.Sockets.AddressFamily addressFamily, System. Net.
Sockets.SocketType socketType,  System.Net.Sockets.ProtocolType protocolType);
```

AddressFamily 参数指定 Socket 类使用的寻址方案，SocketType 参数指定 Socket 类的类型，而 ProtocolType 参数指定 Socket 类使用的协议。

3. 定义主机对象

```
IPEndPoint 类
```

原型如下：

```
public IPEndPoint (System.Net.IPAddress address, int port);
```

IPEndPoint 类包含应用程序连接到主机上的服务所需的主机和本地或远程端口信息，通过将主机的 IP 地址和端口号组合在一起，IPEndPoint 类形成服务的连接点。

4. 绑定

使 Socket 与一个本地终结点相关联。

原型如下：

```
public void Bind (System.Net.EndPoint localEP);
```

在调用 Bind 方法之前，必须先创建要用于与数据通信的本地 IPEndPoint。

5. 监听

将 Socket 置于侦听状态。

原型如下：

```
public void Listen (int backlog);
```

Listen 方法会导致面向连接的 Socket 侦听传入的连接尝试，backlog 参数指定可以排队等待接收的传入连接的数量。

6. 接收连接

（1）同步模式：为新建连接创建新的 Socket。

原型如下：

```
public System.Net.Sockets.Socket Accept ();
```

Accept 方法从侦听套接字的连接请求队列中同步提取第一个挂起的连接请求，然后创建并返回新的 Socket，在阻止模式下，Accept 方法会被阻止，直到传入连接尝试排入队列。

（2）异步模式：通过开始一个异步操作来接收一个传入的连接尝试。

原型如下：

```
public IAsyncResult BeginAccept (AsyncCallback callback, object state);
```

面向连接的协议可以使用 BeginAccept 方法异步处理传入的连接尝试。

异步接收传入的连接尝试，并创建新的 Socket 来处理远程主机通信。

原型如下：

```
public System.Net.Sockets.Socket EndAccept (IAsyncResult asyncResult);
```

EndAccept 完成对 BeginAccept 方法的调用。在调用 BeginAccept 方法之前，需要创建实现 AsyncCallback 委托的回调方法。在回调方法中，调用 asyncResult 参数的 AsyncState 方法，以获取在其上进行连接尝试的 Socket。获取 Socket 之后，可以调用 EndAccept 方法成功完成连接尝试。

7. 连接到服务器

（1）同步模式：客户端与远程主机建立连接，主机由主机名和端口号指定。

原型如下：

```
public void Connect (string host, int port);
```

如果使用面向连接的协议（如 TCP 协议），那么 Connect 方法会在 LocalEndPoint 与指定的远程主机之间同步建立网络连接；如果使用的是无连接协议，那么 Connect 方法会建立默认远程主机。

（2）异步模式：客户端开始一个对远程主机连接的异步请求。主机由主机名和端口号指定。

原型如下：

```
public IAsyncResult BeginConnect (string host, int port, AsyncCallback
requestCallback, object state);
异步 BeginConnect 操作必须通过调用 EndConnect 方法完成。
结束挂起的异步连接请求。
public void EndConnect (IAsyncResult asyncResult);
EndConnect 是一种阻止方法，用于完成在 BeginConnect 方法中启动的异步远程主机连接
请求。
```

8. 发送数据

（1）同步模式：将数据发送到连接的 Socket。

原型如下：

```
public int Send (byte[] buffer);
```

Send 方法将数据同步发送到 Connect 或 Accept 方法中指定的远程主机，并返回成功发送的字节数。

（2）异步模式：将数据异步发送到连接的 Socket。

原型如下：

```
public IAsyncResult BeginSend (byte[] buffer, int offset, int size,
System.Net.Sockets.SocketFlags socketFlags, AsyncCallback callback, object
state);
```

调用 BeginSend 方法能够在单独的执行线程中发送数据。

结束挂起的异步发送如下：

```
public int EndSend (IAsyncResult asyncResult);
```

EndSend 方法可以完成 BeginSend 方法中启动的异步发送操作。

9. 接收数据

（1）同步模式：从绑定的 Socket 套接字接收数据，将数据存入接收缓冲区。

原型如下：

```
public int Receive (byte[] buffer);
```

Receive 方法将数据读入 buffer 参数，并返回成功读取的字节数。

（2）异步模式：从连接的 Socket 中异步接收数据。

原型如下：

```
public IAsyncResult BeginReceive (byte[] buffer, int offset, int size,
System.Net.Sockets.SocketFlags socketFlags, AsyncCallback callback, object
state);
```

异步 BeginReceive 操作必须通过调用 EndReceive 方法完成。通常，EndReceive 方法由 callback 委托调用。

结束挂起的异步读取如下：

```
public int EndReceive (IAsyncResult asyncResult);
```

EndReceive 方法完成 BeginReceive 方法中启动的异步读取操作。

在调用 BeginReceive 方法之前，需要创建实现 AsyncCallback 委托的回调方法。

10. 禁用收发数据

禁用某 Socket 上的发送和接收。

原型如下：

```
public void Shutdown (System.Net.Sockets.SocketShutdown how);
```

使用面向连接的 Socket 时，请在关闭 Socket 之前始终调用 Shutdown 方法，这样可以确保所有数据在连接的套接字关闭之前都已发送和接收。

11. 关闭连接

关闭 Socket 连接并释放所有关联的资源。

原型如下：

```
public void Close ();
```

Close 方法会关闭远程主机连接，并释放与 Socket 关联的所有托管资源和非托管资源。对于面向连接的协议，建议在调用 Close 方法之前先调用 Shutdown 方法，这样可以确保所有数据在连接的套接字关闭之前都已发送和接收。

3.3.3 TCP 流式套接字编程

使用 TCP 流式编程需要先建立服务器，等待客户端的连接；然后制定通信协议，编写基本模型类；最后编写客户端部分，实现和服务器的交互。

下面以一个网络实例为例介绍使用 TCP 建立连接的流程。

1. 编写服务器类

（1）在服务器建立一个连接池，为客户端的连接做准备。

（2）绑定端口号，开启监听，等待客户端的接入。

（3）开启处理消息的线程，准备发送消息。

（4）客户端连接进来之后，分配一个连接，开始接收数据。

（5）解析通信协议，处理消息的逻辑关系。

（6）向客户端发送处理结果。

部分代码如下：

```
public class ServNet
{
//监听嵌套字
public Socket listenfd;
//客户端连接
public Conn[]conns;
//最大连接数
public int maxConn=50;
//单例
public static ServNet instance;

    //消息分发
    public HandlePlayerMsg handlePlayerMsg=new HandlePlayerMsg();
    public ServNet()
{
    instance=this;
}
//获取连接池索引，返回负数表示获取失败
public int NewIndex()
{
    if (conns==null)
```

```
            return-1;
        for (int i=0; i<conns.Length; i++)
        {
            if (conns[i]==null)
            {
                conns[i]=new Conn();
                return i;
            }
            else if (conns[i].isUse==false)
            {
                return i;
            }
        }
        return-1;
    }
    //开启服务器
    public void Start(string host,int port)
    {
        //连接池
        conns=new Conn[maxConn];
        for (int i=0; i<maxConn; i++)
        {
            conns[i]=new Conn();
        }
        //Socket
        listenfd=new Socket(AddressFamily.InterNetwork,
                        SocketType.Stream,ProtocolType.Tcp);
        //Bind
        IPAddress ipAdr=IPAddress.Parse(host);
        IPEndPoint ipEp=new IPEndPoint(ipAdr,port);
        listenfd.Bind(ipEp);
        //Listen
        listenfd.Listen(maxConn);
        //Accept
        listenfd.BeginAccept(AcceptCb, null);
        Console.WriteLine("[服务器]启动成功");
        //发送线程
        Thread sendThread=new Thread(SendCallBack);
        sendThread.IsBackground=true;
        sendThread.Start();
    }
    //发送连接队列
    public Queue<Conn>sendConns=new Queue<Conn>();
    //发送消息队列
    public Queue<ProtocolData>messages=new Queue<ProtocolData>();
    public void SendCallBack()
    {
        Conn conn=new Conn();
        ProtocolData protocol=new ProtocolData();
```

```
        while(true)
        {
            while (sendConns.Count>0)
            {

                conn=sendConns.Dequeue();
                protocol=messages.Dequeue();
                Console.WriteLine(protocol.Content);
                byte[] bytes=Util.Encode(protocol);
                byte[] length=BitConverter.GetBytes(bytes.Length);
                byte[] sendbuff=length.Concat(bytes).ToArray();
                try
                {
                    conn.socket.Send(sendbuff);
                    //conn.socket.BeginSend(sendbuff,0,sendbuff.Length,
SocketFlags.None,null,null);
                }
                catch(Exception e)
                {
                    Console.WriteLine("[发送消息]"+conn.GetAdress()+":"+ e.Message);
                }
            }
            Thread.Sleep(100);
        }
    }


    //Accept 回调
    private void AcceptCb(IAsyncResult ar)
    {
        try
        {
        Socket socket=listenfd.EndAccept(ar);
        int index=NewIndex();
        if(index<0)
        {
            socket.Close();
            Console.Write("[警告]连接已满");
        }
        else
        {
            Conn conn=conns[index];
            conn.Init(socket);
            string adr=conn.GetAdress();
            Console.WriteLine("客户端连接["+adr+"]conn 池 ID: "+index);
            conn.socket.BeginReceive(conn.readBuff,
    conn.buffCount,conn.BuffRemain(),SocketFlags.None,ReceiveCb,conn);
        }
        listenfd.BeginAccept(AcceptCb,null);
    }
```

```
        catch(Exception e)
        {
            Console.WriteLine("AcceptCb 失败:"+e.Message);
        }
    }

    //关闭
    public void Close()
    {
        for(int i=0;i<conns.Length;i++)
        {
            Conn conn=conns[i];
            if(conn==null)continue;
            if(!conn.isUse)continue;
            lock(conn)
            {
                conn.Close();
            }
        }
    }
    private void ReceiveCb(IAsyncResult ar)
    {
        Conn conn=(Conn)ar.AsyncState;
        lock(conn)
        {
            try
            {
                int count=conn.socket.EndReceive(ar);
                //关闭信号
                if(count<=0)
                {
                    Console.WriteLine("收到["+conn.GetAdress()+"]断开连接");
                    conn.Close();
                    return;
                }
                conn.buffCount+=count;
                ProcessData(conn);
                //继续接收
                conn.socket.BeginReceive(conn.readBuff,conn.buffCount,
conn.BuffRemain(),SocketFlags.None,ReceiveCb,conn);
            }
            catch(Exceptione)
            {
                Console.WriteLine("收到["+conn.GetAdress()+"] 断开连接");
                conn.Close();
            }
        }
    }
    //处理数据
```

```
    private void ProcessData(Conn conn)
    {
        //小于长度字节
        if(conn.buffCount<sizeof(Int32))
        {
            return;
        }
        //消息长度
        Array.Copy(conn.readBuff,conn.lenBytes,sizeof(Int32));
        conn.msgLength=BitConverter.ToInt32(conn.lenBytes,0);
        if(conn.buffCount<conn.msgLength+sizeof(Int32))
        {
            return;
        }
        //处理消息
        ProtocolData
protocol=Util.Decode(conn.readBuff,sizeof(Int32),conn. msgLength);
        HandleMsg(conn,protocol);
        //清除已处理的消息
        int count=conn.buffCount-conn.msgLength-sizeof(Int32);
        Array.Copy(conn.readBuff,sizeof(Int32)+conn.msgLength,conn.readBuff,
0,count);
        conn.buffCount=count ;
        if(conn.buffCount>0)
        {
            ProcessData(conn);
        }
    }
    public List<Player> Players=new List<Player>();
        //处理协议
        private void HandleMsg(Conn conn, ProtocolData protoBase)
    {
        switch(protoBase.Type)
        {
            case ProtocolTypes.Login:
                conn.player=Util.DeSerialize<Player>(protoBase.Content);
                handlePlayerMsg.ProcessLogin(conn);
                break;
            case ProtocolTypes.Logout:
                break;
            case ProtocolTypes.AddGold:
                handlePlayerMsg.ProcessAddGold(conn);
                break;
            default:
                break;
        }
    }
    //发送
    public void Send(Conn conn, ProtocolData protocol)
```

```
{
    sendConns.Enqueue(conn);
    messages.Enqueue(protocol);

}
//广播
public void Broadcast(ProtocolData protocol)
{
    for(int i=0;i<conns.Length;i++)
    {
        if(!conns[i].isUse)
            continue;
        if(conns[i].player==null)
            continue;
        Send(conns[i], protocol);
    }
}
}
```

2. 编写通信协议类

（1）通信协议由协议名称和协议内容两部分组成。

（2）编写序列化和反序列化的工具。

（3）定义用户模型。

部分代码如下：

```
///<summary>
///协议类型
///</summary>
public enum ProtocolTypes
{
    Message, //消息
    Login,   //登录
    Logout,  //退出
    AddGold, //抽奖
    GetGold  //查看
}
//协议类
public class ProtocolData
{
    ProtocolTypes type=ProtocolTypes.Message;
    string content=null;
    public ProtocolData()
    {
        Type=ProtocolTypes.Message;
        Content=null;
    }
```

```
        public ProtocolData(ProtocolTypes t)
        {
            Type=ProtocolTypes.Message;
            Content=null;
        }
        public string Content{get=>content;set=>content=value;}
        public ProtocolTypes Type{get=>type;set=>type=value;}
    }
    //工具类
    public class Util
    {
        //序列化，编码
        public static byte[]Encode(ProtocolData msg)
        {
            return Encoding.UTF8.GetBytes(JsonMapper.ToJson(msg));
        }
        //反序列化，解码
        public static ProtocolData Decode(byte[]readbuff,int start,int length)
        {
            Return JsonMapper.ToObject<ProtocolData> (Encoding.Default.
GetString (readbuff,start,length));
        }
        public static T DeSerialize<T>(string s)
        {
            return JsonMapper.ToObject<T>(s);
        }
        public static string Serialize(object o)
        {
            return JsonMapper.ToJson(o);
        }
    }
    //用户模型
    public class Player
    {
        string name;
        string password;
        int gold;
        public Player()
        {
            Name="";
            Password="";
            Gold=0;
        }
        public Player(string _name, string _password,int _gold=0)
        {
            Name=_name;
            Password=_password;
            Gold=_gold;
        }
```

```
public string Name{get=>name;set=>name=value;}
public string Password{get=>password;set=>password=value;}
public int Gold{get=>gold;set=>gold=value;}
}
```

3. 搭建客户端界面

在 Unity 引擎中新建工程，搭建的界面如图 3-3-1 所示。

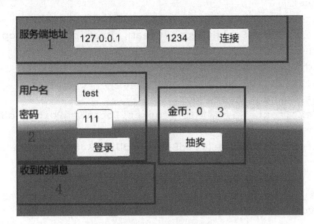

图 3-3-1 搭建界面

（1）服务端地址，可以输入目标服务器的 IP 地址和端口号，单击"连接"按钮即可连接服务器。

（2）登录模块，输入用户名和密码，单击"登录"按钮即可连接到服务器。

（3）抽奖环节，单击"抽奖"按钮，金币的数量会增加。

（4）消息列表，显示服务端的响应内容。

4. 编写客户端代码

（1）客户端根据输入的 IP 地址和端口号连接到服务器。

（2）根据输入的用户名和密码编写登录协议，然后连接到服务器。

（3）编写抽奖协议，从服务器获取金币数量。

（4）编写消息的显示逻辑。

部分代码如下：

```
//因为只有主线程能够修改 UI 组件属性，所以在 Update 中更换文本
void Update()
{
    if (recvStr.Count>0)
    {
```

```
            recvText.text+=recvStr.Dequeue();
        }
        goldText.text="金币: "+player.Gold;
    }
    //连接
    public void Connetion()
    {
        //清理 text
        recvText.text="";
        //Socket
        socket=new Socket(AddressFamily.InterNetwork,
                    SocketType.Stream, ProtocolType.Tcp);
        //Connect
        string host=hostInput.text;
        int port=int.Parse(portInput.text);
        socket.Connect(host, port);
        goldText.text="客户端地址"+socket.LocalEndPoint.ToString();
        //Recv
        socket.BeginReceive(readBuff,0,BUFFER_SIZE,SocketFlags.None,
ReceiveCb,null);
    }
    //接收回调
    private void ReceiveCb(IAsyncResult ar)
    {
        try
        {
            //count 是接收数据的大小
            int count=socket.EndReceive(ar);
            //数据处理
            buffCount+=count;
            ProcessData();
            //继续接收
            socket.BeginReceive(readBuff,0,BUFFER_SIZE,ocketFlags.None,
ReceiveCb,null);
        }
        catch(Exception e)
        {
            recvText.text+="链接已断开";
            socket.Close();
        }
    }
    private void ProcessData()
    {
        //小于长度字节
        if(buffCount<sizeof(Int32))
            return;
        //消息长度
        Array.Copy(readBuff,lenBytes,sizeof(Int32));
        msgLength=BitConverter.ToInt32(lenBytes,0);
```

```
        if(buffCount<msgLength+sizeof(Int32))
            return;
        print("chuli");
        //处理消息
        protocol=Util.Decode(readBuff,sizeof(Int32),msgLength);
        HandleMsg(protocol);
        //清除已处理的消息
        int count=buffCount-msgLength-sizeof(Int32);
        Array.Copy(readBuff,msgLength,readBuff,0,count);
        buffCount=count;
        if(buffCount>0)
        {
            ProcessData();
        }
    }
    private void HandleMsg(ProtocolData protoBase)
    {
        switch (protoBase.Type)
        {
            case ProtocolTypes.Login:
                break;
            case ProtocolTypes.Logout:
                break;
            case ProtocolTypes.AddGold:
                break;
            case ProtocolTypes.GetGold:
              player.Gold=int.Parse(protoBase.Content);
                print(player.Gold);
                break;
            case ProtocolTypes.Message:

                recvStr.Enqueue(protoBase.Content+"\n");
                break;
            default:
                break;
        }
    }
    public void Send(ProtocolData protocol)
    {
        byte[]bytes=Util.Encode(protocol);
        byte[]length=BitConverter.GetBytes(bytes.Length);
        byte[]sendbuff=length.Concat(bytes).ToArray();
        socket.Send(sendbuff);
    }
    public void OnLoginClick()
    {

        player.Name=idInput.text;
        player.Password=pwInput.text;
```

```
    protocol.Type=ProtocolTypes.Login;
    protocol.Content= til.Serialize(player);

    Send(protocol);
}
public void OnAddClick()
{
    protocol.Type=ProtocolTypes.AddGold;
    protocol.Content=Util.Serialize(player);

    Send(protocol);
}
```

5. 运行效果

（1）开启服务器，运行效果如图 3-3-2 所示。

图 3-3-2　服务器的运行效果

（2）发布客户端，运行效果如图 3-3-3 所示。

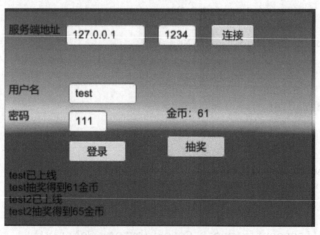

图 3-3-3　客户端的运行效果

（3）单击"连接"按钮，连接到服务器。

（4）在不同的客户端输入不同的用户名和密码，单击"登录"按钮即可收到上线提示的消息。

（5）单击"抽奖"按钮即可在上方看到金币总数，在下方显示抽奖得到的金币数量。

3.4 本章小结

3.1 节主要介绍了以下几方面内容：一是日志的输出与查看方法，以及在开发工具中对代码的调试步骤；二是面向过程高级编程中相关的知识点，如枚举与结构体的定义和用法；三是按位运算的逻辑处理，如逻辑与、逻辑或、逻辑非、逻辑异或、左移和右移等；四是函数的定义和调用。

3.2 节主要介绍了以下几方面内容：一是面向对象高级编程相关的知识点，如构造函数、继承、多态、委托、重载、事件、接口等；二是常用的设计模式（如观察者模式、单例模式、代理模式等），以及设计模式的优点和缺点。

3.3 节主要介绍了以下几方面内容：一是网络编程中的基本概念，如 C/S 结构、TCP/IP 参考模型、常用协议、IP 地址和端口号；二是 Socket 类中 API 的用法，如构造方法、连接方法、关闭方法、发送方法和接收方法等；三是 TCP 流式编程的流程，先建立服务器，再编写通信协议，最后编写客户端，从而实现交互功能。

第4章
基于虚拟现实引擎的高级开发

 学习任务

【任务1】掌握动画的创建方法，实现动画的过渡。

【任务2】了解动画的混合和组合，以及层和事件的运用。

【任务3】了解动画中逆运动组件的用法，以及复杂动画的实现方式。

【任务4】了解三维坐标函数类的运用，包括物体位置、旋转的表示和实现、向量大小和长度的计算、平滑效果的实现、局部坐标和世界坐标的转换。

【任务5】了解运动方向的表示和向量夹角的计算方法、矩阵和四元数的概念、鼠标拖动物体效果的实现。

【任务6】了解常见的着色器类型和着色器代码的基本结构。

【任务7】了解顶点动画、片段动画和光照模型的编写方法，以及简单效果的实现方式。

【任务8】了解画质颜色的修改方法、物体溶解效果和边缘高光效果的实现方式，以及着色器代码的优化措施。

学习路线

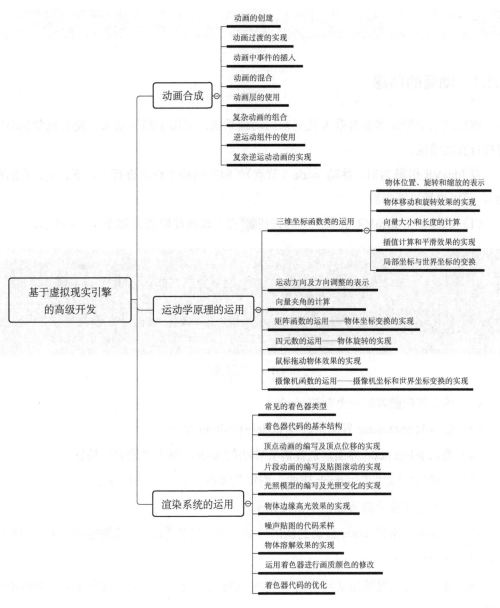

4.1 动画合成

4.1.1 动画的创建

虚拟现实引擎通常都有强大且复杂的动画系统，可用于制作动画，使游戏角色动作更接近真实情况。

以 IdeaVR 引擎为例，移动 node（节点）（如在动画平台上进行上、下、左、右的移动），可以遵循以下步骤。

（1）通过单击 IdeaVR 引擎左侧的按钮▣打开动画编辑器，如图 4-1-1 所示。

图 4-1-1　动画窗口

（2）单击按钮▪添加一个新的 track。

（3）在 Add parameter 界面中选择 node→position 命令。

（4）进入 select node 界面，选择需要移动的 node，单击"确定"按钮。

（5）如果需要添加其他 track 模式，则重复步骤（3）和步骤（4）；

（6）选中需要移动的节点，单击按钮E。

（7）拖动坐标系将 node 移动到新的位置，单击按钮🔑，创建关键帧（关键帧在轴上，注意轴的位置）。

（8）将出现的关键帧拖动到前面/后面对应的空档处（以便下一次出现关键帧时不与当前的重复）。

（9）单击按钮E，然后单击按钮▶，播放动画。

下面以 Unity 引擎为例介绍创建动画的步骤。

1．打开动画窗口

（1）在场景中创建一个 Cube，重置其参数，使其位于屏幕中央。

（2）执行 Window→Animation→Animation 命令，或者使用快捷键 Ctrl+6 打开 Animation 窗口，如图 4-1-2 所示。

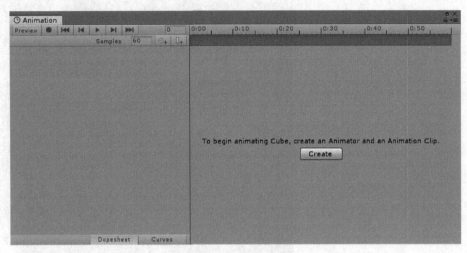

图 4-1-2　Animation 窗口

2．创建动画

（1）单击动画窗口中的 Create 按钮，即可弹出一个文件夹对话框，可以创建一个 Animations 的文件夹，用于保存所有的动画片段。然后输入文件名 Move，单击"保存"按钮即可创建动画片段，效果如图 4-1-3 所示。

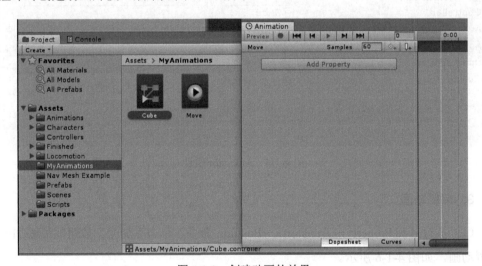

图 4-1-3　创建动画的效果

（2）在文件夹中可以看到 Cube 和 Move 这 2 个文件。Cube 是动画状态机控制器，管理此状态机包含的所有动画，双击即可打开 Animator 窗口，如图 4-1-4 所示。

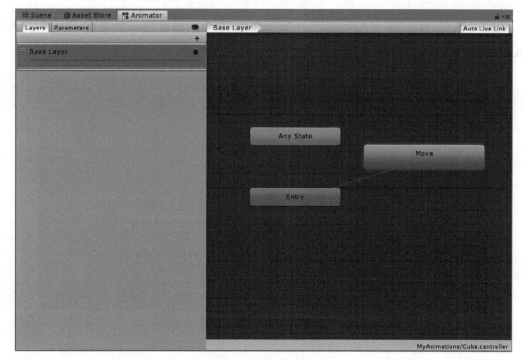

图 4-1-4　Animator 窗口

（3）选中 Cube 物体，在属性面板即可看到增加了一个 Animator 组件，Controller 中就是 Cube 控制器，如图 4-1-5 所示。

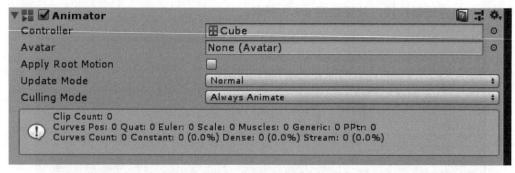

图 4-1-5　Animator 组件

3．编辑动画

（1）执行 Add Property→Transform→Position 命令，单击"加号"按钮即可添加一个位置动画，如图 4-1-6 所示。

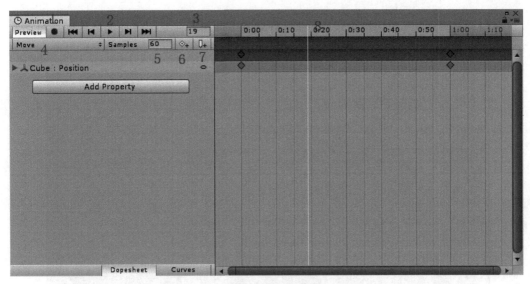

图 4-1-6　添加动画

（2）下面对 Animation 窗口中的参数进行介绍。

① "录制"按钮，单击该按钮之后即可开始录制动画。

② "播放"按钮，单击该按钮之后即可预览动画。

③ 指示动画当前所在帧，可以输入帧数，然后直接跳转到指定的位置。

④ 动画名称，是指当前正在编辑的动画，单击该按钮之后可以选择要编辑的动画。

⑤ 采样率，是指 1 秒钟共有多少个动画帧。

⑥ "关键帧"按钮，用于添加关键帧。

⑦ "事件"按钮，用于添加按钮。

⑧ 滑动区域，使用鼠标通过单击或滑动来指定当前动画的位置。

⑨ 在此条区域内单击鼠标右键，可以在当前帧添加动画事件。

⑩ 在此条区域内单击鼠标右键，可以在当前帧添加关键帧。

（3）单击"录制"按钮，调节至第 60 帧位置，把 Cube 位置中 Z 的值设置为 10，如图 4-1-7 所示。

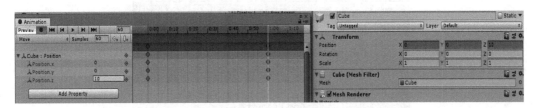

图 4-1-7　修改参数

（4）单击"播放"按钮预览动画，即可看到立方体向前移动。

（5）单击"录制"按钮结束录制，在运行场景中即可看到立方体在循环地向前移动，如图 4-1-8 所示。

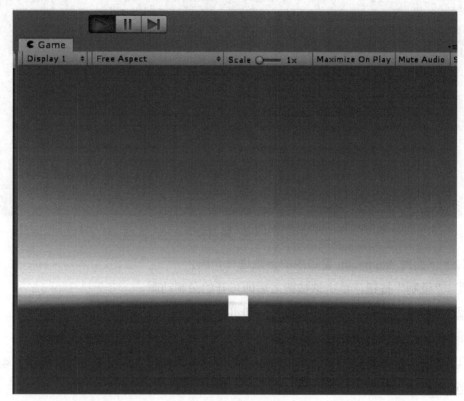

图 4-1-8　运行效果

4．创建其他动画

（1）在动画窗口中单击 Move 按钮，选择 Create New Clip 命令，创建新的动画，如图 4-1-9 所示。

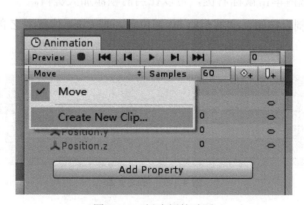

图 4-1-9　新建新的动画

（2）把动画命名为 Scale，保存到相同的文件夹中。

（3）按照上面编辑动画的步骤录制缩放的动画，如图 4-1-10 所示。

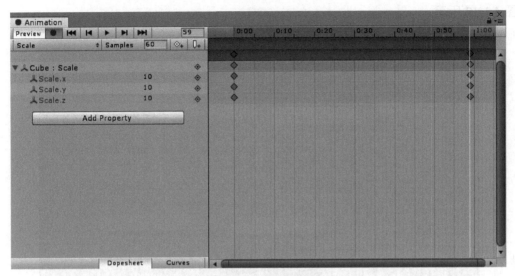

图 4-1-10 缩放动画

（4）使用相同的步骤制作名为 Rotate 的旋转动画，如图 4-1-11 所示。

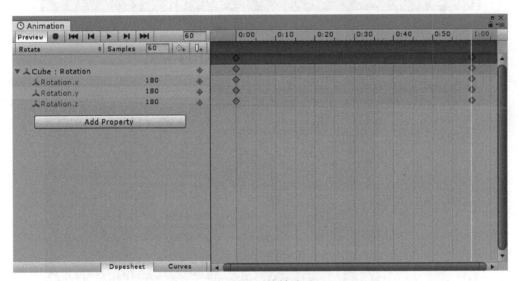

图 4-1-11 旋转动画

4.1.2 动画过渡的实现

运用虚拟现实引擎的可视化编程工具，通常可以对动画片段以及它们之间的过渡和交互过程进行编辑。

以 IdeaVR 引擎为例，单击制作好的动画，在侧面菜单中单击"交互编辑器"按钮，把动画拖至"交互编辑器"窗口中，在逻辑菜单中选择任务，在触发器中选择键盘，如图 4-1-12 所示。

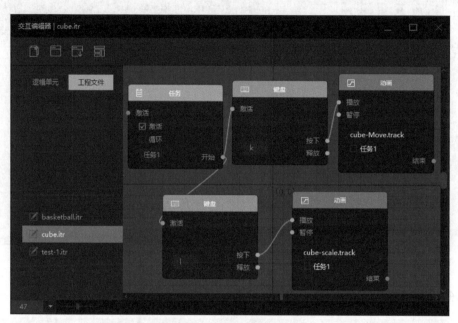

图 4-1-12　动画过渡

以 Unity 引擎为例，打开 Animator 窗口，如图 4-1-13 所示。

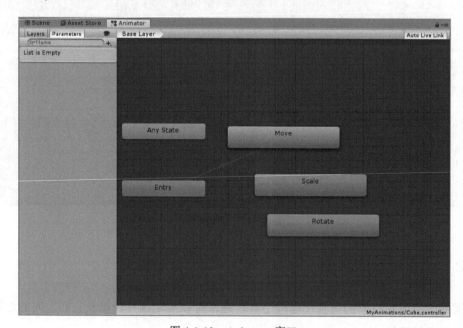

图 4-1-13　Animator 窗口

Any State 泛指状态机中的任何一个状态，Entry 是状态机的入口，Move 是默认状态。状态机中的第一个动画状态自动设置为默认状态，也可以使用鼠标右键单击一个状态，选择设置为默认状态。默认状态是状态机运行时第 1 个进入的状态，可以通过添加连线，使其过渡到另外一个状态。

1. 添加状态过渡连接线

用鼠标右键单击一个状态，在弹出的快捷菜单中选择 Make Transition 命令即可从选中的状态中产生一条连接线，单击另一个状态，就可以实现从一个状态向另一个状态的过渡，如图 4-1-14 所示。

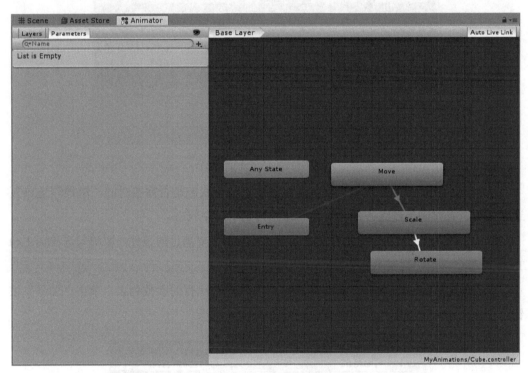

图 4-1-14　状态连接线

单击 "运行" 按钮，即可看到立方体首先向前移动，接着慢慢放大，最后不停地旋转起来。

2. 添加状态过渡条件

（1）单击从 Move 到 Scale 状态之间的连接线，在属性面板中可以看到其参数如图 4-1-15 所示。

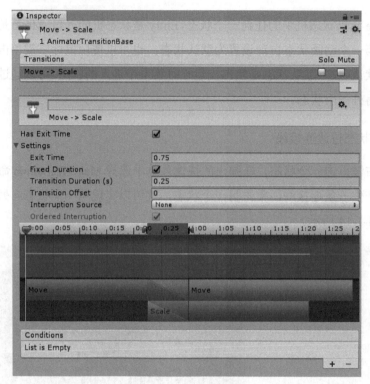

图 4-1-15   连接线属性

Has Exit Time 选项是指从当前状态过渡到下一个状态是否需要时间，取消勾选该复选框之后，只要满足过渡条件，就会立即跳转到下一个状态。

Conditions 列表是从当前状态过渡到下一个状态所要满足的条件，取消勾选 Has Exit Time 复选框，条件列表不能为空。

（2）单击 Animator 窗口中的参数按钮，可以查看现有的参数列表，单击"加号"按钮可以选择添加过渡条件的参数类型，如图 4-1-16 所示。

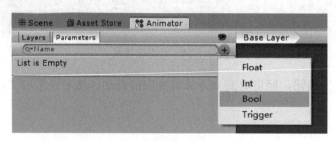

图 4-1-16   添加参数

参数有 Float、Int、Bool 和 Trigger 这 4 种类型。Float 支持小数类型，Int 支持整数类型，Bool 支持真和假两种类型，Trigger 是触发类型，满足条件后执行一遍，接着条件自动设置为假。

添加一个 Bool 类型的参数，并命名为 Rotate。

（3）单击从 Scale 到 Rotate 状态之间的连接线，在属性面板的条件列表中单击"加号"按钮，添加 Rotate 为 true 的条件，如图 4-1-17 所示。

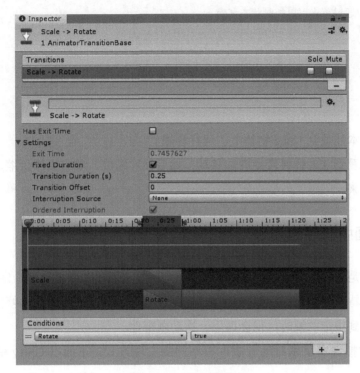

图 4-1-17　添加条件

取消勾选 Has Exit Time 复选框之后，从 Scale 状态过渡到 Rotate 状态，满足 Rotate 参数为 true 即可。

3. 控制动画过渡的实现

（1）可以通过代码控制动画的参数，实现对动画状态的切换。可以创建一个 C#语言的脚本，并命名为 Controller，编写的代码如下：

```
using System.Collections;
using System.Collections.Generic;
using UnityEngine;
public class Controller:MonoBehaviour
{
    Animator animator;
    //Start is called before the first frame update
    void Start()
    {
        //获取动画状态机控制器
```

```
        animator=GetComponent<Animator>();
    }
    //Update is called once per frame
    void Update()
    {
        //通过单击可以控制状态切换
        if (Input.GetMouseButtonDown(0))
        {
            animator.SetBool("Rotate", true);
        }
    }
}
```

（2）把脚本挂载到 Cube 物体上，运行场景。

（3）首先看到立方体慢慢地向前移动，然后循环缩放，单击后停止缩放，这样就会不停地旋转起来。

4.1.3 动画中事件的插入

动画事件是一种附属于 Animation Clips 的事件，它们在动画播放到一定程度时触发，从而实现一些特殊的功能。编写事件函数需要选择一个 Animation 的具体帧作为触发点，每次动画播放到指定的帧时，便会调用一次动画事件。

不同的虚拟现实引擎对动画事件有不同的实现方式，下面以 Unity 引擎为例进行介绍。

1. 编写代码

在 4.1.2 节创建的 Controller 脚本中添加事件的响应函数，代码如下：

```
public void AnimationEvent()
    {
        print("完成了一次缩放");
    }
```

动画的事件函数要求是公开的，并且脚本一定要挂载到有 Animator 组件的物体上。

2. 添加动画事件

（1）在 Animation 窗口中选择 Scale 动画，跳转到第 60 帧。

（2）单击按钮 ◊+ 即可添加动画事件。

（3）在属性面板选择脚本中的 AnimationEvent()函数，如图 4-1-18 所示。

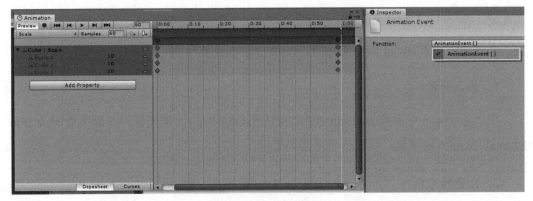

图 4-1-18　添加事件

（4）运行场景，即可看到立方体在缩放结束时调用一次事件函数，运行结果如图 4-1-19
所示。

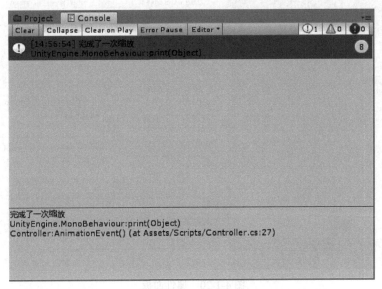

图 4-1-19　运行结果

4.1.4　动画的混合

动画的混合表示多个状态的混合调用，一般根据某些参数来实现这些动画状态之
间的混合与切换。不同的虚拟现实引擎有不同的实现方式，下面以 Unity 引擎为例进行
展示。

Unity 引擎中的动画状态既可以是一个状态，也可以是一个动画混合树（Blend
Tree）。与状态不同的地方是一个状态只能设定一个动画，而一个 Blend Tree 则可以
设定为多个动画的混合。Blend Tree 是 Mecanim 动画系统中比较复杂的内容，并且其

分为多个维度。

下面介绍动画 Blend Tree 的运用。

1. 导入资源

在 Asset Store 中下载 Mecanim GDC2013 Sample Project 的资源，或者下载 Mecanim Example Scenes 资源包，导入一个新建的工程。

2. 创建状态机

（1）在 Project 中找到 TeddyBear，然后拖到场景中，属性面板如图 4-1-20 所示。

图 4-1-20　属性面板

（2）在 Project 窗口中的空白处单击鼠标右键，在弹出的快捷菜单中选择 Create→Animator Controller 命令，命名为 Teddy。把此控制器拖到场景中泰迪熊的 Animator 组件的 Controller 中。

3. 编辑状态机

（1）双击 Teddy 状态机控制器，打开 Animator 窗口。

（2）在空白处单击鼠标右键，在弹出的快捷菜单中选择 Create State→From New Blend Tree 命令，Blend Tree 属性面板如图 4-1-21 所示。

（3）双击 Blend Tree 状态，进入编辑界面，如图 4-1-22 所示。

图 4-1-21　Blend Tree 属性面板

图 4-1-22　添加状态

（4）在 Motion 链表中单击"加号"按钮，选择 Add Motion Field 选项来添加单个动画，并把 Idle、Walk 和 Run 动画分别拖到 Motion 列表中，预览效果如图 4-1-23 所示。

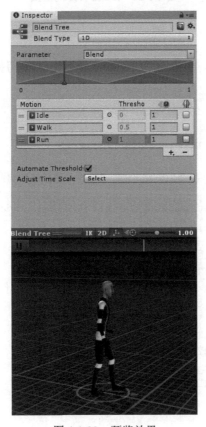

图 4-1-23　预览效果

（5）在 Animator 窗口的参数栏中，将 Blend 的名字修改为 Speed，此 Blend Tree 的效果如图 4-1-24 所示。

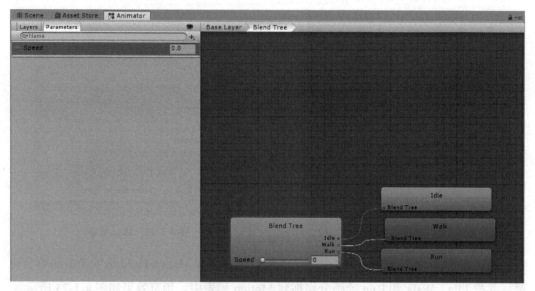

图 4-1-24　Blend Tree 的效果

4．控制状态机

（1）创建 C#语言脚本，并命名为 TeddyController，编写如下代码：

```
using System.Collections;
using System.Collections.Generic;
using UnityEngine;
public class TeddyController:MonoBehaviour
{
    Animator animator;
    float speed=0;
    //Start is called before the first frame update
    void Start()
    {
        //获取动画控制组件
        animator=GetComponent<Animator>();
    }
    //Update is called once per frame
    void Update()
    {
        //通过方向键来控制动画状态的改变
        speed = Input.GetAxis("Vertical");
        animator.SetFloat("Speed",speed,0.5f,Time.deltaTime);
    }
}
```

（2）把脚本挂载到泰迪熊上，运行场景，即可看到泰迪熊站在屏幕中间，按住键盘中的向上箭头键或 W 键，泰迪熊开始慢慢地跑起来，速度越来越快。松开按键，泰迪熊的速度会减慢，直至慢慢地停下来，运行效果如图 4-1-25 所示。

图 4-1-25　运行效果

4.1.5　动画层的使用

动画中的层可以用来实现遮罩、分离动画等功能，使动画系统更丰富。不同的虚拟现实引擎对层的用法不同，下面以 Unity 引擎为例进行介绍。

在 Unity 引擎的动画系统中，还可以加入更多的层，层级越高，其动作的优先级也越高。使用多层的动画不仅可以分离动画组，还可以规范动画的制作。

可以通过如下步骤来实现动画层的运用。

1．添加动画层

（1）打开 4.1.4 节制作的 Teddy 状态机，单击 Layers 按钮，进入层级页面。

（2）单击"加号"按钮，添加一个层，并命名为 UpLayer，如图 4-1-26 所示。

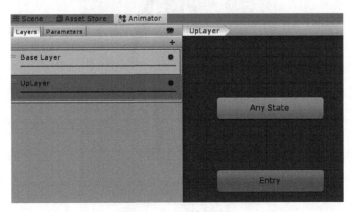

图 4-1-26　添加新层

2．配置动画层

（1）单击层右边的"设置"按钮，弹出的面板如图 4-1-27 所示。

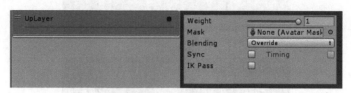

图 4-1-27　层的设置

① Weight，动画层的权重，默认的 Base Layer 必须为 1。如果当前层设置为 0，那么动画不会起作用；如果设置为 0～1，那么采用融合的情况来播放动画；如果设置为 1，则会覆盖或叠加底层动画。

② Mask，动画遮罩，设置当前层的动画可以控制的骨骼。

③ Blending，混合模式，分为覆盖和叠加这 2 种模式。

④ Sync，同步，复制动画层的状态。

⑤ IK Pass，是否启动 IK 动画。

（2）将权重设置为 1。

（3）在 Project 窗口中单击鼠标右键，在弹出的快捷菜单中选择 Create→Avatar Mask 命令，重命名为 UpMask，骨骼遮罩如图 4-1-28 所示。

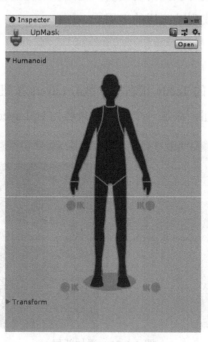

图 4-1-28　骨骼遮罩

绿色的骨骼会在当前层中控制动画的播放，单击后会变成红色，即禁止骨骼控制动画。修改骨骼遮罩，使其只有 2 条胳膊允许控制动画，如图 4-1-29 所示。

（4）在 UpLayer 层中将 Mask 设置为 UpMask。

（5）在 UpLayer 层新建一个空的动画状态，即默认状态。

（6）在 Project 窗口中搜索 Wave 动画，并拖到 Animator 窗口中。

（7）单击"参数"按钮，添加 Bool 类型的参数，并命名为 Wave。

（8）在 UpLayer 层中，添加 New State 到 Wave 的过渡条件 Wave，并将其设置为 true，取消勾选 Has Exit Time 复选框，如图 4-1-30 所示。添加 Wave 到 New State 的过渡条件 Wave，并将其设置为 false，取消勾选 Has Exit Time 复选框，如图 4-1-31 所示。

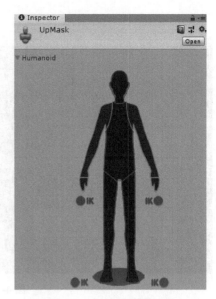

图 4-1-29　修改骨骼遮罩

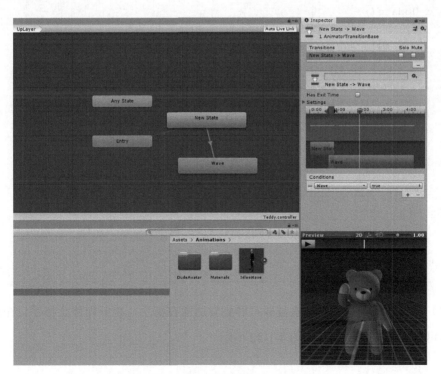

图 4-1-30　过渡条件（一）

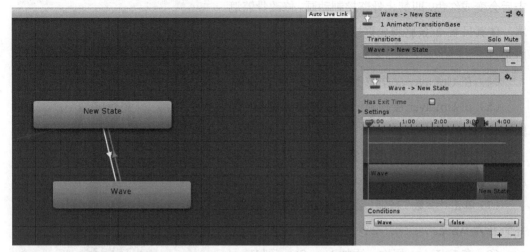

图 4-1-31　过渡条件（二）

3. 控制动画层

（1）修改 TeddyController 的代码，使其能够控制 UpLayer 层的挥手动作，代码如下：

```
void Update()
    {
        //通过方向键来控制动画状态的改变
        speed = Input.GetAxis("Vertical");
        animator.SetFloat("Speed",speed,0.5f,Time.deltaTime);
        //按住鼠标右键，控制挥手动作
        if (Input.GetMouseButton(1))
        {
            animator.SetBool("Wave",true);
        }
        else if (Input.GetMouseButtonUp(1))
        {
            animator.SetBool("Wave",false);
        }
    }
```

（2）运行场景，按住鼠标右键即可看到泰迪熊在挥手，松开即停止挥手，在跑步过程中也可以实现挥手动作，如图 4-1-32 所示。

图 4-1-32　运行效果

4.1.6　复杂动画的组合

本节将继续制作丰富的动画，实现复杂动画的组合。

以 Unity 引擎为例，4.1.5 节制作的动画已经可以向前奔跑，同时还可以实现挥手动作，接下来将添加向左右跑动的动画、滑动的动画和死亡动画，具体步骤如下。

1．添加向左右跑动的动画

（1）打开 Teddy 状态机，添加 Float 类型的参数 Angle。

（2）双击 Base Layer 中的 Blend Tree，把混合类型由 1D 改为 2D Freeform Cartesian，通过线速度和角速度控制物体的移动。

（3）将 Parameters 设置为 Angle 和 Speed。

（4）添加 4 个动画，分别为 2 个 RunRightMedium 和 RunRightWide，其中下面的 2 个动画使用"镜像"命令，这样动画就会向左转弯。

（5）在计算位置一栏中单击 Select 按钮，选择 Speed And Angular Speed 选项，坐标点就会重新分布。Blend Tree 的参数如图 4-1-33 所示。

图 4-1-33　Blend Tree 的参数

2．添加滑动的动画

（1）添加 Trigger 类型的参数 Slide。

（2）在 Project 窗口中搜索 Slide 动画，然后拖到 Base Layer 中。

（3）添加 Blend Tree 到 Slide 的过渡条件 Slide，取消勾选 Has Exit Time 复选框，如图 4-1-34 所示。添加 Slide 到 Blend Tree 的连接线。

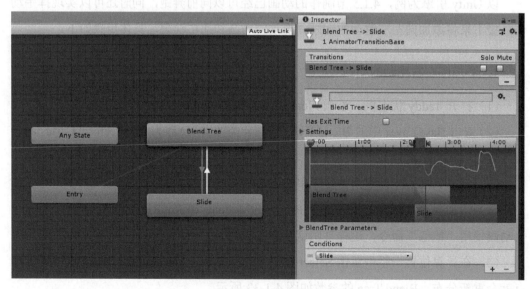

图 4-1-34　Slide 参数

3. 添加死亡动画

（1）添加 Bool 类型的参数 Die。

（2）在 Project 窗口中搜索 Dying 动画，然后拖到 Base Layer 中。

（3）添加从 Any State 到 Dying 的过渡条件 Die，并将其设为 true，取消勾选 Can Transition To Self 复选框，效果如图 4-1-35 所示。

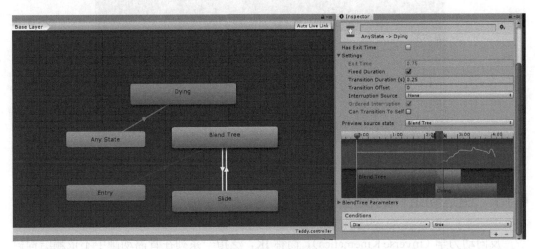

图 4-1-35　Die 参数

4. 编写代码

修改 TeddyController 脚本的代码，使其可以控制上面添加的动画，代码如下所示：

```
//左右方向键控制转弯
angularSpeed=Input.GetAxis("Horizontal")*Mathf.PI*0.5f;
animator.SetFloat("Angle",angularSpeed, 0.5f, Time.deltaTime);
//空格键控制滑动
if (Input.GetKeyDown(KeyCode.Space))
{
    animator.SetBool("Slide",true);
}
//单击鼠标左键，播放死亡动画
if (Input.GetMouseButtonDown(0))
{
    animator.SetBool("Die", true);
    animator.SetLayerWeight(1, 0);
}
```

5. 运行效果

单击"运行"按钮，使用方向键可以控制泰迪熊向前奔跑和转弯，按住鼠标右键会有挥手动画，按空格键会向前滑动，单击鼠标左键则播放死亡动画，运行效果如图 4-1-36

所示。

图 4-1-36　运行效果

4.1.7　逆运动组件的使用

反向动力学（Inverse Kinematics），简称 IK，泛指一系列在骨骼动画中不依赖结构树顺序的计算方案，在概念上与之相对应的是正向动力学（Forward Kinematics）。IK 可以使用场景中的各种物体来控制和影响角色身体部位的运动，由骨骼子节点带动骨骼父节点，使人物和场景更加贴合，从而达到更加真实的游戏效果。

不同的虚拟现实引擎对逆运动组件有不同的运用方式，下面以 Unity 引擎为例介绍 IK 的使用。

1.　开启 IK

（1）打开 4.1.6 节使用的 Teddy 状态机，单击层的页面。

（2）单击 Base Layer 中的"设置"按钮，勾选 IK Pass 复选框，如图 4-1-37 所示。

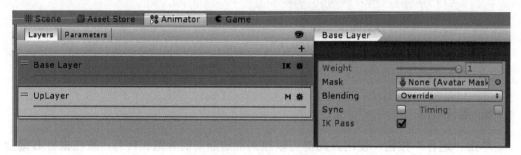

图 4-1-37　开启 IK

只有开启 IK，Unity 引擎才会在 OnAnimatorIK 方法中调用 IK 相应的方法，从而实现 IK 的效果。

2. 编写代码

在 TeddyController 脚本中添加如下代码：

```
void OnAnimatorIK()
{
    //开启 IK 动画之后开始让右手节点寻找参考目标
    if(ikActive)
    {
        //设置骨骼的权重，1 表示完整的骨骼，如果是 0.5 那么骨骼权重就是一半
        animator.SetIKPositionWeight(AvatarIKGoal.LeftHand,1f);
        animator.SetIKRotationWeight(AvatarIKGoal.LeftHand,1f);
        if(handObj != null)
        {
        //设置右手父骨骼节点，使目标可以以它为基础进行旋转移动
        animator.SetIKPosition(AvatarIKGoal.LeftHand,handObj.position);
        animator.SetIKRotation(AvatarIKGoal.LeftHand,handObj.rotation);
        }
    }
    //如果取消 IK 动画，那么重置骨骼的坐标
    else
    {
        animator.SetIKPositionWeight(AvatarIKGoal.LeftHand,0);
        animator.SetIKRotationWeight(AvatarIKGoal.LeftHand,0);
    }
}
```

3. 修改场景

（1）在场景中选中泰迪熊，单击鼠标右键新建一个小球，小球就是泰迪熊的一个子对象。

（2）将小球的缩放比例修改为（0.1, 0.1, 0.1），位置为（-0.25, 0.75, 0.35）。

（3）选中泰迪熊，把小球拖到 TeddyController 组件的 handObj 中，完成赋值。

4. 运行效果

（1）运行场景，即可看到泰迪熊的左胳膊伸直去触摸小球，如图 4-1-38 所示。

图 4-1-38 运行效果

（2）在场景中移动小球，即可看到泰迪熊的胳膊发生改变，如图 4-1-39 所示。

图 4-1-39 胳膊弯曲

4.1.8 复杂逆运动动画的实现

本节将使用逆运动组件来丰富动画，从而实现复杂的动画效果，下面以 Unity 引擎为例进行展示。

Unity 引擎中的 IK 不仅可以设置四肢的位置和旋转，还可以控制头部和身体看向目标物体。4.1.7 节中的泰迪熊只有左手的 IK，可以跟随小球的位置改变胳膊的弯曲程度，接下来将添加头部看向小球的功能，具体步骤如下。

1. 修改代码

在 TeddyController 脚本中找到 OnAnimatorIK 方法，在设置骨骼权重的上方添加如下代码：

```
//仅仅是头部跟着变动
animator.SetLookAtWeight(1);
//身体也会跟着转，弧度变动更大
if (lookAtTarget!=null)
{
  animator.SetLookAtPosition(lookAtTarget.position);
}
```

2. 修改场景

选中泰迪熊，把小球拖到 TeddyController 组件的 lookAtTarget 中，完成赋值。

3. 运行效果

（1）运行场景，即可看到泰迪熊低头看着手里的小球，如图 4-1-40 所示。

图 4-1-40　运行效果

（2）移动小球，可以看到泰迪熊盯着小球看，胳膊也在改变姿势，如图 4-1-41 所示。

图 4-1-41　移动小球

4.2　运动学原理的运用

运动学中需要使用物体的位置、旋转和缩放等信息进行一些运算，如移动、旋转、坐标系的变换等。不同的虚拟现实引擎使用不同的编程语言进行开发，本节以 Unity 引擎中的相关 API 为例进行介绍。

4.2.1　三维坐标函数类的运用——物体位置、旋转和缩放的表示

在 Unity 引擎中，任何一个物体都有一个 Transform 组件，该组件不能被销毁，它存储着物体的位置信息、旋转信息和缩放信息。Transform 组件如图 4-2-1 所示。

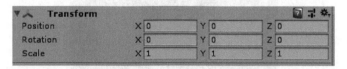

图 4-2-1　Transform 组件

物体的位置信息是一个三维向量，是 Vector3 类型的，单位是米。物体的旋转信息保

存在四元数中，也可以通过欧拉角来直观表示，是 Vector3 类型的，单位是度。物体的缩放信息用一个三维向量表示，是 Vector3 类型。

可以通过如下代码来获取物体的信息：

```
//位置信息
Vector3 position=transform.position;
//旋转信息，四元数
Quaternion rotation=transform.rotation;
//旋转信息，欧拉角
Vector3 eulerAngles=transform.eulerAngles;
//缩放信息
Vector3 scale=transform.localScale;
```

4.2.2　三维坐标函数类的运用——物体移动和旋转效果的实现

在 Unity 引擎中，Transform 组件控制着物体的移动、旋转和缩放操作。Transform 类中的 Translate 方法可以控制物体移动，Rotate 方法可以控制物体旋转。

1. 方法介绍

（1）Translate 方法，朝着给定的方向移动一段距离，默认使用自身坐标系。

方法的原型如下：

```
public void Translate(Vector3 translation, Space relativeTo = Space.Self);
```

（2）Rotate 方法，控制物体绕着坐标轴旋转一定的角度。

方法的原型如下：

```
public void Rotate(Vector3 eulers, Space relativeTo = Space.Self);
```

控制物体按照顺序绕 Z 轴旋转 eulers.z 度，绕 X 轴旋转 eulers.x 度，绕 Y 轴旋转 eulers.y 度，默认使用自身坐标系。

2. 代码示例

新建一个 C#语言脚本，命名为 test，添加如下代码：

```
void Update()
    {
        //朝着世界坐标系的前方移动
        transform.Translate(Vector3.forward*Time.deltaTime,Space.World);
        //沿着自身的 Y 轴旋转
        transform.Rotate(Vector3.up);
    }
```

3．运行效果

（1）新建场景，在场景中建立一个立方体。

（2）把 test 脚本挂载到立方体上。

（3）运行场景，即可看到立方体朝着前方移动，在移动的同时还会旋转，如图 4-2-2 所示。

图 4-2-2　运行效果

4.2.3　三维坐标函数类的运用——向量大小和长度的计算

在 Unity 引擎中，内置一个 Vector3 的类，可以用来表示一个向量或点。在类的属性中，magnitude 可以获得向量的长度，即 $x^2+y^2+z^2$ 的平方根，具体代码如下：

```
Vector3 a=new Vector3(0,3,4);
print("向量 a 的长度为"+a.magnitude);
```

运行结果如下：

```
向量 a 的长度为 5
```

4.2.4　三维坐标函数类的运用——插值计算和平滑效果的实现

插值是根据抽样函数或信号估计连续位置的数值。在 Unity 引擎中，内置的类中有很多插值的运算方法，如 Color.Lerp 可以在 2 种颜色中插值，Mathf.Lerp 可以在 2 个数值之间插值，Vector3.Lerp 可以在 2 个向量之间插值，Quaternion.Lerp 可以在 2 个四元数之间插值。这些插值运算方法可以实现平滑的效果。

下面以 Mathf.Lerp 为例来介绍插值计算的方法。

方法的原型如下：

```
public static float Lerp(float a, float b, float t);
```

根据 t 的值返回 a 和 b 之间的插值。如果 t=0，则返回值为 a；如果 t=1，则返回值为 b；如果 t=0.5，则返回值为 a+b 的一半。

如下代码可以实现物体平滑旋转到 90°：

```
void Update()
    {
        transform.rotation = Quaternion.Lerp(transform.rotation, Quaternion.
Euler(0,90,0),Time.deltaTime);
    }
```

4.2.5 三维坐标函数类的运用——局部坐标与世界坐标的变换

在 Unity 引擎中，Transform 类中的位置信息分为局部坐标和世界坐标，即 localPosition 和 position。局部坐标是相对于父对象而言的，在物体的属性面板中看到的位置信息都是局部坐标。当一个物体没有父对象时，局部坐标就是世界坐标。

1. 方法介绍

Transform 类中的 TransformPoint 方法可以把局部坐标系中的一个点变换为世界坐标，返回的位置会受到缩放比例的影响。

方法的原型如下：

```
public Vector3 TransformPoint(Vector3 position);
```

Transform 类中的 InverseTransformPoint 方法可以把世界坐标系中的一个点变换为局部坐标，返回的位置会受到缩放比例的影响。

方法的原型如下：

```
public Vector3 InverseTransformPoint (Vector3 position);
```

2. 代码示例

（1）在场景中新建一个立方体，位置改为（1,1,1）。

（2）新建一个 C#语言脚本，命名为 test，编写的代码如下：

```
void Start()
    {
        Transform cam = Camera.main.transform;
        Vector3 cameraRelative=cam.InverseTransformPoint(transform.position);
        print("在相机的坐标系下，物体的局部坐标为" + cameraRelative);
        Vector3 thePosition = transform.TransformPoint(Vector3.right * 2);
        print("局部坐标（2,0,0）对应的世界坐标是"+thePosition);
    }
```

（3）把脚本挂载到立方体上，运行结果如下：

```
在相机的坐标系下，物体的局部坐标为(1.0,0.0,11.0)
局部坐标（2,0,0）对应的世界坐标是(3.0,1.0,1.0)
```

4.2.6　运动方向及方向调整的表示

在 Unity 引擎中，所有新建的脚本都继承自 MonoBehaviour 类。MonoBehaviour 类中的 Update 方法在每帧执行一次，因此可以记录每帧物体的位置，通过位置的差值得到物体的运动方向。

（1）新建场景，创建一个立方体。

（2）新建一个 C#语言脚本，命名为 test，编写的代码如下：

```
Vector3 lastPosition;
Vector3 moveForward;
//Start is called before the first frame update
void Start()
{
    lastPosition=transform.position;
}
void Update()
{
    moveForward=transform.position-lastPosition;
    lastPosition=transform.position;
    if(moveForward.magnitude>0)
    {
        print("当前运动方向为"+moveForward);
    }
}
```

（3）把脚本挂载到立方体上，运行场景。

（4）在场景中移动立方体，观察输出结果，如图 4-2-3 所示。

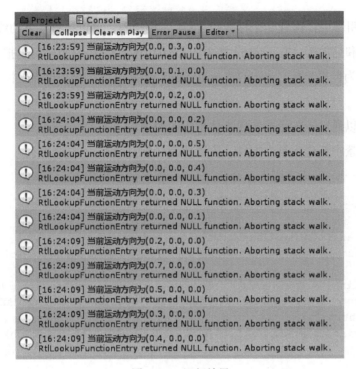

图 4-2-3　运行结果

（5）根据输出结果可以分析出物体先向上移动，然后向前移动，最后向右移动。

4.2.7　向量夹角的计算

在 Unity 引擎中，Vector3 类中有一个 Angle 方法，该方法可以用于计算 2 个向量的夹角。

方法的原型如下：

```
public static float Angle(Vector3 from, Vector3 to);
```

例如，计算 2 个向量的夹角：

```
Vector3 a=Vector3.up;
Vector3 b=Vector3.right;
float angle=Vector3.Angle(a, b);
print("向量的夹角是"+angle+"度");
```

运行结果如下：

```
向量的夹角是 90 度
```

4.2.8　矩阵函数的运用——物体坐标变换的实现

在 Unity 引擎中，内置一个标准的 4×4 变换矩阵，可以执行任意的线性三维变换，如平移、旋转和缩放等。Transform 类中的 localToWorldMatrix 矩阵可以把一个局部坐标系中的点变换为世界坐标，worldToLocalMatrix 矩阵可以把一个世界坐标系中的点变换为局部坐标。

例如，可以通过矩阵函数实现物体坐标的变换。

（1）在场景中新建一个立方体，位置改为（1,1,1）。

（2）新建一个 C#语言脚本，命名为 test，编写的代码如下：

```
void Start()
    {
        Transform cam=Camera.main.transform;
        Vector3 cameraRelative=cam.worldToLocalMatrix.MultiplyPoint(transform.
position);
        print("在相机的坐标系下，物体的局部坐标为" + cameraRelative);
        Vector3 thePosition = transform. localToWorldMatrix.MultiplyPoint
(Vector3.right * 2);
        print("局部坐标（2，0,0）对应的世界坐标是" + thePosition);
    }
```

（3）把脚本挂载到立方体上，运行结果如下：

```
在相机的坐标系下，物体的局部坐标为(1.0,0.0,11.0)
局部坐标（2,0,0）对应的世界坐标是(3.0,1.0,1.0)
```

4.2.9　四元数的运用——物体旋转的实现

在 Unity 引擎中，物体的旋转信息在内存中以四元数的形式存储，因此可以使用四元数米实现物体的旋转，具体步骤如下。

（1）在场景中新建一个立方体。

（2）新建一个 C#语言脚本，命名为 test，编写的代码如下：

```
void Update()
    {
 transform.rotation*=Quaternion.Euler(0,90*Time.deltaTime,0);
 }
```

（3）把脚本挂载到立方体上，运行场景即可看到立方体旋转起来。

4.2.10　鼠标拖动物体效果的实现

要实现鼠标拖动物体，被拖动的物体必须有碰撞器。其实现原理是单击时记录鼠标在世界坐标系中的位置，鼠标每帧移动的距离，就是物体要移动的距离。鼠标是在屏幕坐标系中移动的，操作时需要把屏幕坐标系变换为世界坐标系，具体步骤如下。

（1）新建场景，新建 Cube。

（2）创建 C#语言脚本，命名为 Controller，将新建的脚本挂载在 Cube 上。C#语言脚本的代码如下：

```csharp
using System.Collections;
using System.Collections.Generic;
using UnityEngine;
public class Controller:MonoBehaviour
{
    private Vector3 cubeScreenPos;
    private Vector3 offset;
    //Start is called before the first frame update
    void Start()
    {
        StartCoroutine(OnMouseDown());
    }
    IEnumerator OnMouseDown()
    {
        //1. 得到物体的屏幕坐标
        cubeScreenPos = Camera.main.WorldToScreenPoint(transform.position);
        //2. 计算偏移量
        //鼠标的三维坐标
        Vector3 mousePos=new Vector3(Input.mousePosition.x, Input.mousePosition.y, cubeScreenPos.z);
        //将鼠标三维坐标变换为世界坐标
        mousePos=Camera.main.ScreenToWorldPoint(mousePos);
        offset=transform.position - mousePos;
        //3. 物体随着鼠标移动
        while (Input.GetMouseButton(0))
        {
            //将目前的鼠标二维坐标变换为三维坐标
            Vector3 curMousePos=new Vector3(Input.mousePosition.x, Input.mousePosition.y, cubeScreenPos.z);
            //将目前的鼠标三维坐标变换为世界坐标
            curMousePos=Camera.main.ScreenToWorldPoint(curMousePos);
            //物体世界位置
            transform.position=curMousePos+ ffset;
            yield return new WaitForFixedUpdate();//这个很重要，循环执行
```

```
        }
    }
}
```

（3）运行场景，即可使用鼠标拖动 Cube 移动，效果如图 4-2-4 所示。

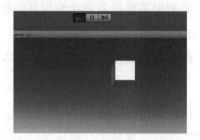

图 4-2-4　运行效果

4.2.11　摄像机函数的运用——摄像机坐标和世界坐标变换的实现

在 Unity 引擎中，摄像机是用户观看画面的设备。屏幕坐标系的单位是像素，左下角为（0,0），z 的值是相机所在的世界位置，单位是米。Camera 类中 ScreenToWorldPoint 方法可以把屏幕坐标系中的点变换为世界坐标，WorldToScreenPoint 方法可以把世界坐标系中的点变换为屏幕坐标。

1. 方法介绍

ScreenToWorldPoint 方法的原型如下：

```
public Vector3 ScreenToWorldPoint(Vector3 position);
```

WorldToScreenPoint 方法的原型如下：

```
public Vector3 WorldToScreenPoint(Vector3 position);
```

2. 代码示例

（1）在场景中新建一个立方体。
（2）新建一个 C#语言脚本，命名为 test，编写的代码如下：

```
void Start()
{
    Vector3 screenPos=Camera.main.WorldToScreenPoint(transform.position);
    print("立方体的屏幕坐标为"+screenPos);
}
void Update()
{
```

```
        if (Input.GetMouseButtonDown(0))
        {
            Vector3 mousePos=new Vector3(Input.mousePosition.x,Input.mousePosition.
y,-Camera.main.transform.position.z);
            Vector3 point=Camera.main.ScreenToWorldPoint(mousePos);
         print("屏幕坐标"+mousePos+"变换为世界坐标为"+point);
        }
    }
```

（3）运行场景，在屏幕中单击，输出结果如下：

```
立方体的屏幕坐标为(609.0, 267.0, 11.0)
屏幕坐标(475.0, 213.0, 10.0)变换为世界坐标为(-2.0, -0.2, 0.0)
屏幕坐标(91.0, 45.0, 10.0)变换为世界坐标为(-10.3, -3.8, 0.0)
```

4.3　渲染系统的运用

渲染系统把制作的场景画面显示到屏幕上，不同的虚拟现实引擎对应的渲染系统也不同，本节以 Unity 引擎为例进行介绍。

4.3.1　常见的着色器类型

着色器（Shader）通过代码描绘物体表面发生的事情，并呈现出最终的图像效果，其实就是在 GPU 中运行的一段代码。Unity 引擎中常用的着色器有顶点/片元着色器（Vertex & Fragment Shader）、表面着色器（Surface Shader）、标准着色器（Standard Shader）。原来还有针对一些旧型号 GPU 的固定函数着色器（Fixed Function Shader），但是已经被时代淘汰。

1. 顶点/片元着色器

顶点/片元是最基本的着色器类型，一般用于 2D 场景、特效之类。GPU 上含有可编程顶点处理器和可编程片元处理器这 2 个组件，顶点处理器和片元处理器被分离成可编程单元。可编程顶点处理器是一个硬件单元，可以运行顶点程序；而可编程片元处理器则是一个可以运行片元程序的单元。

2. 表面着色器

表面着色器拥有更多的光照运算，其实在系统内部会被编译成一个比较复杂的顶点/

片元着色器。表面着色器需要编写的代码量很少，Unity 会自动处理一些细节。

3．标准着色器

标准着色器是表面着色器的升级版本。因为使用了 Physically Based Rendering（简称 PBR）技术，即基于物理的渲染技术，所以在标准着色器中开放了更多处理光照与材质的参数。

4.3.2　着色器代码的基本结构

一个 Unity Shader 脚本由 Shader 名、Properties、一个或多个 SubShader、Pass 块、Fallback 组成。其中，Properties 中定义了一些属性，如颜色、纹理等，控制 Shader 实现效果的代码在 Pass 块的 CGPROGRAM 和 ENDCG 之间。当定义的 Shader 不能被所运行的设备支持时，会回滚到 Fallback 后定义的 Shader。

着色器代码的基本结构如下：

```
Shader"MyShaderName"
{
    Properties
    {
        //属性
    }
    SubShader                    //显卡使用的子着色器
    {
        Pass
        {
            //pass 语句...
        }
    }
    //更多的子着色器
    FallBack "VertexLit"         //备选着色器
}
```

1．Shader 名

每个 Unity Shader 文件的第 1 行都需要通过 Shader 语义来指定名字。名字用一个字符串来表示，如 MyShader。通过在字符串中添加斜杠（/），可以控制其在材质面板中出现的位置，如 Custom/MyShader。

2．Properties

Properties 语义块中包含了一系列属性，这些属性将显示在材质面板中。Properties 语

义块的定义如下:

```
Properties
    {
        _Color("Color", Color)=(1,1,1,1)
        _MainTex("Albedo (RGB)", 2D)="white" {}
    }
```

在代码中访问 Shader 的属性时,需要使用属性的名字,如_Color。

3. SubShader

每个 Shader 文件可以包含多个 SubShader 语义块,但最少要有一个。当 Unity 需要加载这个 Shader 时,会扫描所有的 SubShader 语义块,然后选择第 1 个能够在目标平台上运行的 SubShader。SubShader 中定义了一系列 Pass 和可选的状态与标签设置。

4. Pass

Pass 语义块包含的语义如下:

```
Pass
{
    [Name]
    [Tags]
 //其他代码
}
```

在 Pass 语义块中可以定义该 Pass 语义块的名称,如 Name "MyPassName",通过名字可以提高代码的复用性。另外,还可以对 Pass 语义块设置渲染状态和标签。

5. Fallback

Shader 代码的最后一个语句是 Fallback 指令,当代码中所有的 SubShader 在显卡上都不能运行时,就使用 Fallback 提供的 Shader。可以使用 Fallback Off 语句来关闭 Fallback 功能。

4.3.3 顶点动画的编写及顶点位移的实现

顶点动画可以使场景变得更加生动有趣,本节将使用 Shader 的顶点动画来模拟水面的效果,具体步骤如下。

(1)新建场景,在场景中创建一个平面(Plane),然后调整其位置,使其居中显示。

(2)创建材质球,命名为 WaterWave。

（3）新建一个标准类型的 Shader，命名为 WaterWave。删除原来的代码，添加如下代码：

```
Shader "Custom/WaterWave" {
    Properties{
        _MainTex("Texture",2D)="white"{}          //纹理
        _Arange("Amplitude",float)=1              //波动幅度
        _Frequency("Frequency",float)=2           //波动频率
        _Speed("Speed",float)=0.5                 //控制纹理移动的速度
    }
    SubShader{
        Pass{
            CGPROGRAM
            #pragma vertex vert
            #pragma fragment frag
            #include "UnityCG.cginc"
            struct appdata{
                float4 vertex:POSITION;
                float2 uv:TEXCOORD0;
            };
            struct v2f{
                float2 uv:TEXCOORD0;
                float4 vertex:SV_POSITION;
            };
            float _Frequency;
            float _Arange;
            float _Speed;
            v2f vert(appdata v){
                v2f o;
                float timer=_Time.y*_Speed;
                //变化之前做一个波动 y=Asin（ωx+φ）
                float waver=_Arange*sin(timer+v.vertex.x*_Frequency+ v.vertex.
y*_Frequency+v.vertex.z*_Frequency);
                v.vertex.y=v.vertex.y+waver;
                o.vertex=UnityObjectToClipPos(v.vertex);
                o.uv=v.uv;;
                return o;
            }
            sampler2D _MainTex;
            fixed4 frag(v2f i):SV_Target
            {
                //对纹理采样
                fixed4 col=tex2D(_MainTex, i.uv);
                return col;
            }
            ENDCG
        }
    }
```

```
        FallBack "Diffuse"
    }
```

（4）选择 WaterWave 材质球，将 Shader 修改为 Custom 下的 WaterWave。

（5）把 WaterWave 材质球拖到场景中的平面上，将 Amplitude 的值修改为 0.3，添加一个水面的纹理。

（6）运行场景，即可看到水面在上下波动，效果如图 4-3-1 所示。

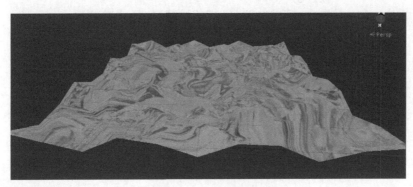

图 4-3-1　运行效果

4.3.4　片段动画的编写及贴图滚动的实现

贴图动画的应用非常广泛，本节将使用 Shader 的片段动画实现贴图的滚动效果，具体步骤如下。

（1）新建一个场景，添加一个平面，然后调整其位置，使其居中显示。

（2）创建材质球，命名为 Scroll。

（3）新建一个标准类型的 Shader，命名为 Scroll。删除原来的代码，添加如下代码：

```
Shader "Custom/Scroll"{
Properties{
    _MainTex("Texture",2D)="white"{}
    //纹理
    _ScrollX("Scroll Speed",Float)=1.0
    //滚动速度
}
    SubShader{
        Tags{"RenderType"="Opaque""Queue"="Geometry"}
        Pass{
            Tags{"LightMode"="ForwardBase"}
            CGPROGRAM
            #pragma vertex vert
            #pragma fragment frag
            #include"UnityCG.cginc"
            sampler2D_MainTex;
            float_ScrollX;
```

```
    struct a2v{
        float4 vertex:POSITION;
        float4 texcoord:TEXCOORD0;
    };
    struct v2f{
        float4 pos:SV_POSITION;
        float4 uv:TEXCOORD0;
    };
    v2f vert(a2v v){
        v2f o;
        o.pos=UnityObjectToClipPos(v.vertex);
        o.uv=v.texcoord;
        return o;
    }
    fixed4 frag(v2f i):SV_Target{
    float2 uv=i.uv+ float2(_ScrollX*_Time.y,0.0);
    //在 X 轴上滚动
    fixed4 c=tex2D(_MainTex,uv);
    return c;
    }
    ENDCG
    }
}
    FallBack "VertexLit"
}
```

（4）选择 Scroll 材质球，将 Shader 修改为 Custom 下的 Scroll。

（5）把 Scroll 材质球拖到场景中的平面上，添加一个要滚动的纹理。

（6）运行场景，即可看到纹理在不停地滚动，效果如图 4-3-2 所示。

图 4-3-2　运行效果

4.3.5　光照模型的编写及光照变化的实现

标准光照模型只关心直接光照（Direct Light），它把进入摄像机的光照分为 4 个部分，即自发光（Emissive）、高光反射（Specular）、漫反射（Diffuse）和环境光（Ambient）。

1．自发光

自发光用于给定一个方向时，物体表面会向这个方向产生多少光，当没有使用全局光照时，自发光物体不会照亮周围物体，只是本身看起来更亮而已。

2．高光反射

高光反射用于描述当光线从光源照到物体表面时，物体镜面反射产生的光，它可以让物体看起来有光泽，如金属材质。

3．漫反射

漫反射是光线从光源照到物体表面时，物体向各个方向产生的光。

4．环境光

环境光用来描述其他间接的光，指的是光线在多个物体之间反射后，进入摄像机的光。

在片元着色器中计算的光照模型被称为逐像素光照，在顶点着色器中计算的光照模型被称为逐顶点光照。逐像素光照以每个像素为基础，得到它的法线，然后进行光照模型的计算。逐顶点光照在每个顶点上计算光照，然后在渲染图元内部进行线性插值，最后输出成像素颜色。

下面通过编写光照模型来实现漫反射的光照部分，具体步骤如下。

（1）新建一个场景，创建一个胶囊体，放置在屏幕中央。

（2）新建一个材质，命名为 DiffusePixel。

（3）新建一个 Shader，命名为 DiffusePixel，删除原有代码，添加如下代码：

```
Shader"Custom/DiffusePixel"
{
Properties{
    _Diffuse("Diffuse",Color)=(1,1,1,1)
}
    SubShader{
        Pass{
```

```
                    Tags{"LightMode"="ForwardBase"}
                    CGPROGRAM
                    #pragma vertex vert
                    #pragma fragment frag
                    #include"Lighting.cginc"
                    fixed4 _Diffuse;
                    struct a2v{
                        float4 vertex:POSITION;
                        float3 normal:NORMAL;
                    };
                    struct v2f{
                        float4 pos:SV_POSITION;
                        float3 worldNormal:TEXCOORD0;
                    };
                    v2f vert(a2v v){
                        v2f o;
                        //把物体从模型空间转换到裁剪空间
                        o.pos = UnityObjectToClipPos(v.vertex);

                        //把法线从模型空间转换到世界空间
                        o.worldNormal=mul(v.normal,(float3x3)unity_WorldToObject);
                        return o;
                    }
                    fixed4 frag(v2f i):SV_Target{
                    //获取环境光
                    fixed3 ambient=UNITY_LIGHTMODEL_AMBIENT.xyz;
                    //获取世界空间中的法线
                    fixed3 worldNormal=normalize(i.worldNormal);
                    //获取世界空间中的直射光
                    fixed3 worldLightDir=normalize(_WorldSpaceLightPos0.xyz);
                    //计算漫反射
                    fixed3 diffuse=_LightColor0.rgb*_Diffuse.rgb*saturate(dot(worldNormal,
worldLightDir));
                    fixed3 color=ambient+diffuse;
                    return fixed4(color,1.0);
                }
            ENDCG
        }
    }
        FallBack"Diffuse"
    }
```

（4）选择 DiffusePixel 材质，将 Shader 修改为 Custom 下的 DiffusePixel，并把它拖到场景中的胶囊体上。

（5）运行场景，即可看到平滑的光照效果，如图 4-3-3 所示。

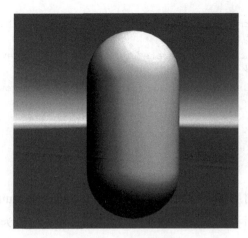

图 4-3-3　运行效果

4.3.6　物体边缘高光效果的实现

要实现物体边缘高光的效果，可以在物体的表面法线和视图方向之间添加一些发射光，使用 Unity 内置的表面着色器来完成，具体步骤如下。

（1）新建一个场景，添加一个球体，调整其位置，使其居中显示。

（2）创建材质球，命名为 Outline。

（3）新建一个标准类型的 Shader，命名为 Outline。删除原来的代码，添加如下代码：

```
Shader "Custom/Outline"{
    Properties{
    _MainTex("Texture",2D)="white"{}
    _BumpMap("Bumpmap",2D)="bump"{}
    _RimColor("Rim Color",Color)=(0.26,0.19,0.16,0.0)
    _RimPower("Rim Power",Range(0.5,8.0))=3.0
    }
      SubShader{
        Tags { "RenderType"="Opaque" }
        CGPROGRAM
        #pragma surface surf Lambert
        struct Input{
            float2 uv_MainTex;
            float2 uv_BumpMap;
            float3 viewDir;//当前视角向量
        };
        sampler2D _MainTex;
        sampler2D _BumpMap;
        float4 _RimColor;
        float _RimPower;
        void surf(Input IN,inout SurfaceOutput o){
            o.Albedo=tex2D(_MainTex,IN.uv_MainTex).rgb;
```

```
        o.Normal=UnpackNormal(tex2D(_BumpMap,IN.uv_BumpMap));
        //模拟侧光的强度
        half rim=1.0-saturate(dot(normalize(IN.viewDir),o.Normal));
        //强化边缘发亮的效果
        o.Emission=_RimColor.rgb*pow(rim,_RimPower);
    }
    ENDCG
}

Fallback"Diffuse"
}
```

（4）选择 Outline 材质球，将 Shader 修改为 Custom 下的 Outline。

（5）把 Outline 材质拖到场景中的球上，将 Rim Color 修改为红色，Rim Power 修改为 5。

（6）运行场景，即可看到球体的边缘有红色的高光，效果如图 4-3-4 所示。

图 4-3-4　运行效果

4.3.7　噪声贴图的代码采样及物体溶解效果的实现

噪声就是向规则的事物中添加一些杂乱无章的效果。溶解效果往往从不同的区域开始，并向看似随机的方向扩张，最后整个物体都将消失不见。贴图上面的内容本身是无序的，因此可以使用噪声贴图来决定哪里溶解，从而实现物体的溶解效果，具体步骤如下。

（1）新建一个场景，添加一个立方体，调整其位置，使其居中显示。

（2）创建材质球，命名为 Dissolve。

（3）新建一个标准类型的 Shader，命名为 Dissolve。删除原来的代码，添加如下代码：

```
Shader"Custom/Dissolve"
{
```

```
Properties
{
    _MainTex("Texture",2D)="white"{}
    _BurnMap("Noise Map",2D)="white"{}
    //噪声贴图
    _BurnSpeed("Dissolve Speed",float)=1.0
    //溶解速度
    _Specular("Specular",range(0, 1))=0.5
    _Gloss("Gloss",range(8,256))=20
        _BurnFirstColor("Burn First Color", Color)=(1,0,0,1)
        _BurnSecondColor("Burn Second Color", Color)=(0,0,0,1)
        _BurnRange("Burn Range", float)=0.1
}
    SubShader
    {
        Tags{"LightMode"="ForwardBase"}
        Pass
        {
            Cull Off
            CGPROGRAM
            #pragma vertex vert
            #pragma fragment frag
            #include "UnityCG.cginc"
            #include "Lighting.cginc"
            sampler2D _MainTex;
            float4 _MainTex_ST;
            sampler2D _BurnMap;
            fixed _BurnSpeed;
            fixed _Gloss;
            float _Specular;
            fixed _BurnAmount;
            fixed4 _BurnFirstColor;
            fixed4 _BurnSecondColor;
            float _BurnRange;
            struct a2v {
                float4 vertex : POSITION;
                float4 normal : NORMAL;
                float4 uv : TEXCOORD0;
            };
            struct v2f {
                float4 pos : SV_POSITION;
                float2 uv : TEXCOORD0;
                float4 worldPos : TEXCOORD1;
                float3 worldNormal : TEXCOORD2;
            };
            v2f vert(a2v v)
            {
                v2f o;
                o.pos=UnityObjectToClipPos(v.vertex);
```

```
                    o.uv=TRANSFORM_TEX(v.uv,_MainTex);
                    o.worldPos=mul(unity_ObjectToWorld, v.vertex);
                    o.worldNormal=normalize(UnityObjectToWorldNormal
(v.normal));

                    return o;
              }
              fixed4 frag(v2f i):SV_Target
              {
                  //获取颜色信息
                  fixed3 burn=tex2D(_BurnMap,i.uv).rgb;
                  //自动销毁
                  _BurnAmount+=_Time.y*_BurnSpeed;
                  //剔除像素点
                  clip(burn.r-_BurnAmount);
                  //采样纹理
                  fixed3 albedo=tex2D(_MainTex, i.uv).rgb;
                  //diffuse
                  fixed3 lightDir=normalize(UnityWorldSpaceLightDir
(i.worldPos));
                  fixed3 diffuse=_LightColor0.rgb*saturate(dot(lightDir,
i.worldNormal))*albedo;
                  //specular
                  fixed3 reflectDir=normalize(reflect(-lightDir,
i.worldNormal));
                  fixed3 viewDir=normalize(UnityWorldSpaceViewDir
(i.worldPos));
                  fixed3 specular=_LightColor0.rgb*_Specular*pow(saturate
(dot(reflectDir, viewDir)),_Gloss);
                  fixed3 ambient=UNITY_LIGHTMODEL_AMBIENT.rgb*albedo;
                  fixed3 finalColor=specular+diffuse+ambient;
                  /*在消融的边缘位置，添加红色和黑色，模拟烧焦的效果。当前正在烧的
边缘就是那些 r-_BurnAmount 刚好为 0 的位置 float burnRate=1-saturate((burn.r-
BurnAmount)/_BurnRange);*/
                  float burnRate=1-smoothstep(0,_BurnRange,burn.r-_BurnAmount);
          fixed3 burnColor=lerp(_BurnFirstColor,_BurnSecondColor,burnRate);
                  //burnColor=pow(burnColor,5);
                  finalColor=lerp(finalColor,burnColor,burnRate);
                  return fixed4(finalColor,1);
              }
              ENDCG
          }
      }
  }
```

（4）选择 Dissolve 材质球，把 Shader 修改为 Custom 下的 Dissolve。

（5）把 Dissolve 材质拖到场景中的立方体上，在 NoiseMap 属性中选择一张图片作为噪声贴图；将属性 DissolveSpeed 修改为 0.5，使其溶解变慢一些。

（6）运行场景，即可看到立方体逐渐溶解的效果，如图 4-3-5 所示。

图 4-3-5　溶解效果

4.3.8　运用着色器进行画质颜色的修改

屏幕后处理是渲染流水线的最后阶段，对由整个场景生成的一张图片进行一系列操作，实现各种屏幕特效，如景深、运动模糊等。通过屏幕空间的后处理，可以整体改变整个游戏的风格或效果。要制作屏幕后处理需要两样东西：一是用于渲染后处理效果的Shader，二是需要调用这个着色器的脚本。

下面通过着色器来调整屏幕的亮度、饱和度和对比度，从而实现对画质颜色的修改，具体步骤如下。

（1）新建场景，创建一个 C#语言脚本，命名为 ColorModify，拖到主相机上：

```
using System.Collections;
using System.Collections.Generic;
using UnityEngine;
[ExecuteInEditMode]
public class ColorModify:MonoBehaviour
{
    public Shader shader;
    private Material material;
    [Range(0.0f,3.0f)]
    public float brightness=1.0f;
    //亮度
    [Range(0.0f,3.0f)]
    public float saturation=1.0f;
```

```
    //饱和度
    [Range(0.0f,3.0f)]
    public float contrast=1.0f;
        //对比度
        void OnRenderImage(RenderTexture src, RenderTexture dest)
    {
        if (shader==null)
        {
            //没有 Shader，不做任何处理
            Graphics.Blit(src, dest);
            return;
        }
        if (material==null)
        {
            //创建材质
            material=new Material(shader);
            material.hideFlags=HideFlags.DontSave;
        }
        //配置参数
        material.SetFloat("_Brightness", brightness);
        material.SetFloat("_Saturation", saturation);
        material.SetFloat("_Contrast", contrast);
        //处理图像
        Graphics.Blit(src, dest, material);
    }
}
```

（2）创建一个 Shader，命名为 ColorModify，拖到主相机 ColorModify 组件中的 Shader 属性中。删除原来的代码，添加如下代码：

```
Shader"Custom/ColorModify"
{
Properties{
    _MainTex("Base(RGB)",2D)="white"{}
    _Brightness("Brightness",Float)=1
    _Saturation("Saturation",Float)=1
    _Contrast("Contrast",Float)=1
}
SubShader{
    Pass {
        ZTest Always Cull Off ZWrite Off
        CGPROGRAM
        #pragma vertex vert
        #pragma fragment frag
        #include"UnityCG.cginc"
        sampler2D _MainTex;
        half _Brightness;
        half _Saturation;
        half _Contrast;
        struct v2f {
            float4 pos:SV_POSITION;
```

```
                half2 uv: TEXCOORD0;
            };
        v2f vert(appdata_img v){
            v2f o;
            o.pos=UnityObjectToClipPos(v.vertex);
            o.uv=v.texcoord;
            return o;
        }
        fixed4 frag(v2f i):SV_Target{
            fixed4 renderTex=tex2D(_MainTex,i.uv);
            //亮度
            fixed3 finalColor=renderTex.rgb*_Brightness;
            //饱和度
            fixed luminance=0.2125*renderTex.r+0.7154*renderTex.g+
0.0721*renderTex.b;
    fixed3 luminanceColor=fixed3(luminance,luminance,luminance);
      finalColor=lerp(luminanceColor,finalColor,_Saturation);
            //对比度
            fixed3 avgColor=fixed3(0.5,0.5,0.5);
            finalColor=lerp(avgColor,finalColor,_Contrast);
            return fixed4(finalColor,renderTex.a);
        }
        ENDCG
        }
    }
    Fallback Off
}
```

（3）在场景中添加一张图片（Sprite Renderer），使其满屏显示，如图 4-3-6 所示。

图 4-3-6　原始效果

（4）分别修改 ColorModify 组件中的 Brightness、Saturation 和 Contrast 参数，观察界面的变化，如图 4-3-7～图 4-3-9 所示。

图 4-3-7　加强亮度

图 4-3-8　降低饱和度

图 4-3-9　增加对比度

4.3.9　着色器代码的优化

着色器代码可以从以下几个方面进行优化。

1．复用代码

（1）使用#include 指令包含 UnityCG.cginc 文件，复用 Unity 预定义的大量结构和函数。

（2）使用 UsePass 来复用整个 Pass。

2．简化运算

（1）尽量把计算移动到 vertex()函数中。

（2）尽可能使用低精度的浮点值进行运算。

（3）尽量少使用插值变量。

（4）使用 Shader 的 LOD 技术，控制使用的等级。

（5）尽量避免使用复杂的数学运算，如 Pow、sin 等。

（6）尽量避免数据类型之间的转换。

（7）使用独立的 UV 变量，不要使用一个四元数来包装两个二元数。

3．减少效果

（1）尽可能不要使用全屏的屏幕后处理效果。

（2）尽量把最终效果所需的计算集中到一个 Pass 中完成。

（3）尽量避免使用透明效果，以及透明物体的叠加。

4．渲染顺序

控制渲染队列的值，根据需要渲染物体相对相机的距离由小到大设置队列值，可以剔除很多像素点的渲染，从而节约计算量。

5．渲染路径

（1）在 VertexLit 渲染路径下，可以去掉所有的 LightMode 不是 Always 或 Vertex 的 Pass，从而减少代码。

（2）在 Forward 渲染路径下，不要在 ForwardAdd 中计算除_WorldSpaceLightPos0 之外的任何光源，以减少耗时。

（3）在 Deferred 渲染路径下，使用 exclude_path:forward、noambient、nolightmap 等参数去掉冗余代码，以精简 Shader。

4.4 本章小结

4.1 节首先介绍了动画相关的知识点，包括动画的创建与混合、动画的过渡、事件的插入、动画层的用法。然后介绍了 IK 的概念和用法，通过实例演示了复杂动画的组合运用。

4.2 节首先介绍了运动学相关的函数，如物体的移动和旋转函数、获取向量大小和夹角的函数、插值运算的函数、坐标系转换的函数。然后介绍了矩阵和四元数的运用，实现了坐标的变换和物体的旋转。最后介绍了摄像机相关的函数，把局部坐标和世界坐标进行变换，实现了鼠标拖动物体的效果。

4.3 节介绍渲染系统中着色器的用法，首先介绍了常见的着色器类型和代码的基本结构。然后通过一些实例展现了着色器的功能，如顶点动画实现的水面效果、片段动画实现的贴图滚动效果、编写光照模型实现的漫反射效果、添加光照实现的边缘高光效果、对噪声贴图采样实现的溶解效果、用屏幕后处理实现的画质颜色的改变。最后介绍了着色器中代码优化的几个方面，如复用代码、简化运算、减少效果等。

第5章
性能优化

 学习任务

【任务1】了解性能优化工具，掌握 Profiler 等工具的使用技巧，学会对结果进行分析。

【任务2】了解影响帧率的主要因素，掌握从垂直同步、片面数等方面对其进行分析的技巧。

【任务3】了解画面渲染的原理，以及主要渲染过程。

【任务4】了解对 CPU 性能的优化措施，掌握从 GC、对象池等方面对其进行优化的技巧。

【任务5】了解对 GPU 性能的优化措施，掌握从顶点数量、光照处理等方面对其进行优化的技巧。

【任务6】了解对内存性能进行优化的措施，掌握简化模型等方面对其进行优化的技巧。

【任务7】了解对渲染模块进行优化的措施，掌握减少场景中物体的数量、渲染对象的渲染次数等方面的技巧。

【任务8】了解对内存频繁申请及占用过高的规避措施，掌握静态申请、对象池、减少字符串拼接等方法。

【任务9】了解对用户界面组件的优化措施，掌握减少遮罩、动静分离等方面的技巧。

【任务 10】了解对物理引擎组件进行优化的方法，掌握简化网格碰撞器等方面技巧。

【任务 11】了解防止内存泄漏的有效措施，掌握相应的实践操作能力。

 学习路线

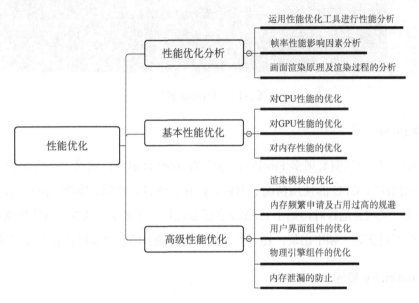

5.1 性能优化分析

5.1.1 运用性能优化工具进行性能分析

工程在运行过程中如果出现缓慢、卡顿、掉帧甚至闪退现象，就说明存在性能问题。此时需要使用性能分析工具来测试工程运行时各方面的性能，如 CPU、GPU、内存等。性能分析工具能够通过工程运行的外在表现获取内在信息，从而发现引起性能问题的关键原因。

不同的虚拟现实引擎运用的工具也不一样，以 Unity 引擎为例，Profiler 是最常用的性能分析工具，可以分析 CPU、GPU 及内存等方面的使用状况。在标题栏中选择 Window→Analysis→Profiler 命令，打开 Profiler 窗口，如图 5-1-1 所示。

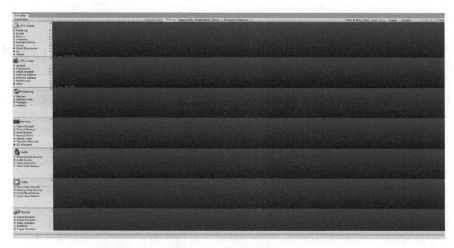

图 5-1-1　Profiler 窗口

1．Profiler

Profiler 窗口的左侧有很多 Profiler，每个 Profiler 显示当前项目一个方面的信息，如 CPU 的使用情况、GPU 的使用情况、渲染、内存、声音、视频、物理、网络信息、UI 和全局光照等。当项目运行时，每个 Profiler 会随着运行时间来显示数据，有些性能问题是持续性的，有些仅在某一帧中出现，还有些性能问题可能会随着时间的推移而逐渐显示出来。

2．Hierarchy 视图

在 Profiler 窗口的下半部分显示选中的 Profiler 当前帧的详细内容，如图 5-1-2 所示。

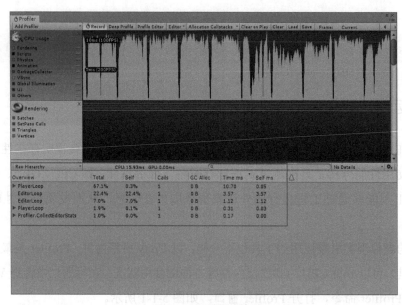

图 5-1-2　详细内容

在 CPU usage Profiler 中，详细内容的列标题的含义如表 5-1-1 所示。

表 5-1-1　详细内容的列标题的含义

名称	含义
Total	当前任务的时间消耗占当前帧 CPU 消耗的时间比例
Self	任务自身的时间消耗占当前帧 CPU 消耗的时间比例
Calls	当前任务在当前帧中被调用的次数
GC Alloc	当前任务在当前帧中进行过内存回收和分配的次数
Time ms	当前任务在当前帧中消耗的总时间
Self ms	当前任务自身（不包含内部的子任务）消耗的时间

在层级视图中单击函数名字时，CPU usage Profiler 将在 Profiler 窗口上部的图形视图中高亮显示这个函数的信息。例如，选中 Camera.Render，Rendering 的信息就会被高亮显示出来，如图 5-1-3 所示。

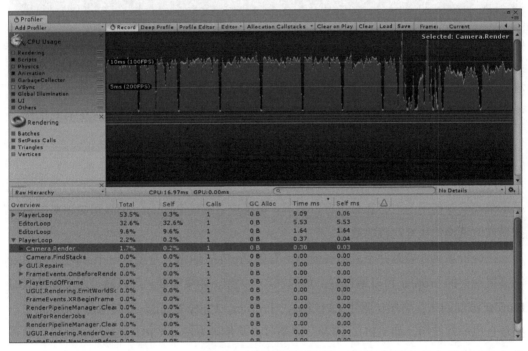

图 5-1-3　高亮显示（一）

3．Timeline 视图

在 Profiler 窗口左下角的下拉菜单中选择 Timeline 命令，如图 5-1-4 所示。Timeline 视图中显示的是 CPU 任务的执行顺序和各个线程负责什么任务。线程允许不同的任务同时执行，当一个线程执行一个任务时，其他的线程可以执行另一个完全不同的任务。

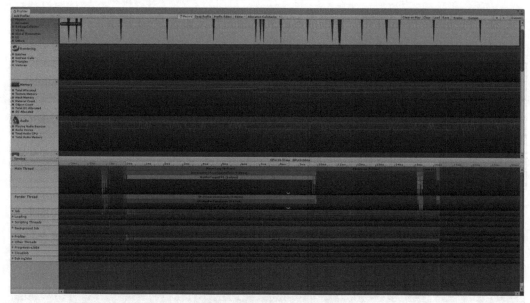

图 5-1-4　高亮显示（二）

与 Unity 的渲染过程相关的线程有 Main Thread（主线程）、Render Thread（渲染线程）和 Worker Thread。通过了解哪个线程负责哪些任务，就能知道在哪个线程上的任务执行的速率最低，之后就应该集中优化这个线程上的操作，这样可以使优化更有目的性。

4. Profiler 总结

Profiler 上所显示的数据依赖于当前选择的 Profiler。例如，当选中内存时，这个区域显示游戏资源使用的内存和总内存占用等。如果选中渲染 Profiler，则显示被渲染的对象数量或渲染操作执行次数等数据。

在分析项目性能时并不总需要使用所有的 Profiler，通常只是观察一个或两个 Profiler。不需要观察的 Profiler 可以通过右上角的 "×" 关闭，如果需要，可以通过左上角的 Add Profiler 添加回来。当然，除了 CPU usage Profiler，Unity Profiler 中其他的 Profiler 在一些场合也非常有用，如 GPU、内存、渲染等，其使用方法与 CPU usage Profiler 大同小异，可以参照上述步骤来查看并学习。

在观察数据时，需要留意如下指标。

1）CPU

（1）GC Allow：任何一次性内存分配大于 2KB 的选项；每帧都具有 20B 以上内存分配的选项。

（2）Time ms：占用 5ms 以上的选项。

2）内存

（1）Texture：检查是否有重复资源和超大内存需要压缩等。

（2）AnimationClip：重点检查是否有重复资源。

（3）Mesh：重点检查是否有重复资源。

5.1.2　帧率性能影响因素分析

在程序中，一帧便是绘制到屏幕上的一个静止画面。帧率（FPS）表示 GPU 处理时每秒钟能够更新的次数，帧率是衡量一个程序的基本指标，帧率越高，得到的动画越流畅、越逼真。

不同的虚拟现实引擎影响帧率的因素略有区别。以 Unity 引擎为例，其渲染一帧需要执行很多任务，如更新工程的状态。有些任务在每帧都需要执行脚本、运行光照计算等；还有许多操作是在一帧执行多次，如物理运算。当所有这些任务都执行得足够快时，工程才会有稳定且理想的帧率。当这些任务执行不满足需求时，渲染一帧将花费更多的时间，并且帧率会因此下降。

影响帧率的因素可以从以下几个方面进行分析。

1. 垂直同步

如果选择"等待垂直同步信号"（开启垂直同步），那么在游戏中显卡或许会迅速地绘制一屏图像；但如果没有垂直同步信号的到达，显卡就无法绘制下一屏，只有等垂直同步的信号到达，才可以绘制。帧率自然要受到操作系统刷新率运行值的制约。

如果选择"不等待垂直同步信号"（关闭垂直同步），那么在游戏中绘制完一屏画面，显卡和显示器无须等待垂直同步信号就可以开始下一屏图像的绘制，自然可以完全发挥显卡的实力，进而提高帧率。

垂直同步的存在才能使游戏进程和显示器刷新率同步，使画面更加平滑和稳定。如果取消了垂直同步信号，虽然可以换来更快的速度，但是在图像的连续性上会打折扣。

2. 批处理

批处理能够确保没有不必要的 draw call 被使用，减少渲染次数，从而提高帧率。批处理可分为静态（Static）和动态（Dynamic）两种。批处理静态的物体需要尽可能少地使用不同的材质，批处理动态的物体需要满足网格数量小于 900 个顶点。

3．面片数

场景中的模型越多，需要渲染的面片数也就越大，绘制一帧画面的耗时自然变长。因此，在建模时要有意识地减少三角面片的数量，搭建场景时删除不必要的模型，使用 LOD 技术减少需要绘制的顶点数目等，这些措施都可以达到提高帧率的目的。

4．运算量

如果代码中有复杂的运算，场景中有大量的物理模拟，屏幕上有满屏的后处理特效等操作，就会给 CPU 或 GPU 带来很大的计算量，从而导致帧率下降。因此，可以采取简化运算、减少物理模拟、弱化屏幕效果等措施来提升帧率。

5．内存

工程中用到的纹理尺寸很大，并且没有压缩，或者分辨率过高，这些都会导致响应速度慢，从而影响帧率。因此，可以采用压缩纹理、降低分辨率等措施来提高帧率。

6．光照

如果为了增加效果，而在场景中使用了大量的实时光照，就会造成过多的阴影叠加，给 GPU 的渲染带来巨大的压力，结果会影响帧率。可以使用光照贴图代替实时光源，或者添加光照探测器来提高帧率。

5.1.3 画面渲染原理及渲染过程的分析

渲染是计算机将存储在内存中的形状转换成实际绘制在屏幕上的形状的过程。GPU 是一种可以进行绘图运算工作的专用微处理器，能够生成 2D/3D 的图形图像和视频。GPU 图形渲染过程的主要工作可以分为两个部分：把 3D 坐标转换为 2D 坐标，把 2D 坐标转换为实际的有颜色的像素。具体实现可分为 6 个阶段：顶点着色器（Vertex Shader）、图元装配（Shape Assembly）、几何着色器（Geometry Shader）、光栅化（Rasterization）、片段着色器（Fragment Shader）、测试与混合（Tests and Blending），如图 5-1-5 所示。

第 1 阶段，顶点着色器。该阶段的输入是顶点数据（Vertex Data），顶点数据是一系列顶点的集合，如以数组的形式传递 3 个 3D 坐标，用来表示一个三角形。顶点着色器主要的目的是把 3D 坐标转为另一种 3D 坐标，同时顶点着色器可以对顶点属性进行一些基本处理。

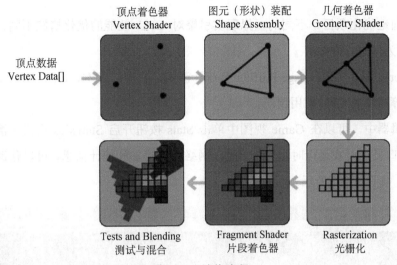

图 5-1-5　渲染流程

第 2 阶段，图元装配。该阶段将顶点着色器输出的所有顶点作为输入，并将所有的点装配成指定图元的形状，如三角形。图元（Primitive）用于表示如何渲染顶点数据，如点、线、三角形。

第 3 阶段，几何着色器。该阶段把图元形式的一系列顶点的集合作为输入，可以通过产生新顶点构造出新的图元来生成其他形状，如生成另一个三角形。

第 4 阶段，光栅化。该阶段会把图元映射为最终屏幕上相应的像素，生成片段（Fragment）。片段是渲染一个像素所需要的所有数据。

第 5 阶段，片段着色器。该阶段先对输入的片段进行裁切（Clipping）。裁切会丢弃超出视图以外的所有像素，用来提升执行效率。

第 6 阶段，测试与混合。该阶段会检测片段对应的深度值（Z 坐标），判断这个像素位于其他物体的前面还是后面，决定是否应该丢弃。此外，该阶段还会检查 alpha 值（alpha 值定义了一个物体的透明度），从而对物体进行混合。经过一系列流水线操作，最终把图元渲染到屏幕上。

5.2　基本性能优化

5.2.1　对 CPU 性能的优化

对 CPU 的优化主要以性能分析为引擎，根据分析所得的数据，找到性能问题，以便快速并定向地优化项目。不同的虚拟现实引擎对 CPU 性能的优化措施不同，接下来以 Unity 引擎为例进行介绍。

Profiler 工具中 CPU usage Profiler 会统计渲染、物理、脚本、GC、UI、垂直同步及全局光照等模块的 CPU 使用情况。

在编辑器中，可以在 Game 视图中单击 Stats 按钮开启 Statistics 窗口（渲染统计窗口）。该窗口显示游戏运行时渲染、声音、网络状况等多种统计信息，可以帮助我们分析游戏性能，如图 5-2-1 所示。

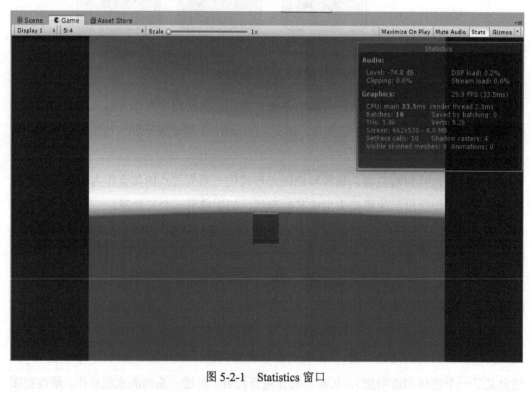

图 5-2-1　Statistics 窗口

可以从以下几个方面对 CPU 的性能进行优化。

1. GC（垃圾回收）

开发中应尽量减少使用会调用 GC 的代码，会调用 GC 的代码有以下几种情况。

（1）在堆内存进行内存分配操作，而内存不够时便会触发 GC 来利用闲置的内存。

（2）GC 会自动触发，不同的平台频率不同。

（3）GC 可以手动执行。

在 C#语言中，值类型变量都在栈中进行内存分配，引用类型都在堆中进行内存分配。

如果 GC 造成性能问题，那么可以配合 Profiler 工具来定位造成大量内存分配的函数，然后分析出现这种问题的原因，从而减少内存垃圾的产生。

2．实例化对象缓存

可以把一些必要的对象缓存起来，以节省获取对象的时间。在 Unity 中，类似于 GameObject.Find()、GetComponent()等函数，会产生较大的消耗，具体代码如下：

```
void Update()
{
    this.GetComponent<Rigidbody>().AddForce(Vector3.forward);
}
```

在 Update()中，每帧都访问这些函数是非常耗时的。因此，可以在 Awake()或 Start() 函数中，获取一次组件的引用，把引用缓存在当前类中，供 Update ()等函数使用。这样可以减少每帧获取组件带来的开销，同时在项目中其他地方也可能会用到。

3．对象池

对象池是项目开发中运用比较广泛的重要技术。在项目中频繁使用 Instantiate()函数创建大量物体，并使用 Destroy 销毁，这些代码占用了大量的 CPU，因此可以使用对象池优化对象的创建和销毁。

对象池的含义很简单，就是将对象存储在一个"池"中，当需要时可以重复使用，而不是创建一个新的对象，尽可能复用内存中已经驻留的资源，以减少频繁的 IO 耗时操作。使用对象池时，应当支持把物体移出屏幕，连续使用的物体可以只是移出屏幕，只有长时间不使用的物体才隐藏，因为频繁地显示隐藏操作也会引起不必要的性能消耗。

4．冗余代码

删除不必要的函数、无用的代码段及测试代码。在项目开发中，可能会增加很多测试代码，或者有一些空的回调函数，或许还会有一些不需要的继承。

例如，一些控制台输出的测试代码，或者空的 Start、Update 方法，这些代码都会消耗 CPU 性能。所以，在项目开始时，应该在编辑器中设置不要自动继承 MonoBehaviour，而是在需要使用时自行添加。同时，测试代码要做好标记，不再需要时要删除。

5．批处理

批处理是指每帧把可以进行批处理的网格进行合并，再把合并后的数据传给 GPU，使用同一个材质对其渲染。Unity 引擎中的批处理分为动态批处理和静态批处理。

1）动态批处理

如果动态物体共用相同的材质，那么 Unity 会自动对这些物体进行批处理。要使物体可以被动态批处理，它们应该共享相同的材质，但是还有一些其他约束条件：批处理动态物体需要在每个顶点上进行一定的开销，所以动态批处理仅支持小于 900 个顶点的网格物体。尽量不要使用缩放尺度（scale），分别拥有缩放尺度（1,1,1）和（2,2,2）的两个物体将不会进行批处理。多通道（Pass）的 Shader 会妨碍批处理操作。

2）静态批处理

为了更好地使用静态批处理，需要明确指出哪些物体是静止的，并且在游戏中永远不会移动、旋转和缩放，然后在检测器（Inspector）中勾选 Static 复选框即可。静态批处理比动态批处理更加有效，因为它需要更少的 CPU 开销。

6．其他优化措施

（1）减少粒子系统的数量。

（2）处理 Rigidbody 时，使用 FixedUpdate，设置 Fixed timestep，减少物理计算次数。

（3）尽量不用网格碰撞器，如果无法避免，则尽量用减少 Mesh 的面片数，或者用较少面片数的物体来代替。

（4）在同一脚本中频繁使用的变量建议声明为全局变量，脚本之间频繁调用的变量或方法建议声明为全局静态变量或方法。

5.2.2 对 GPU 性能的优化

GPU 与 CPU 不同，侧重点也不一样。GPU 的瓶颈主要体现在以下几个方面。

（1）顶点处理，是指 GPU 需要渲染的网格中每个顶点的工作。

（2）像素的复杂度，如动态阴影、光照、复杂的 Shader 等。

（3）GPU 的显存带宽，是指读/写其专用内存的速度。

不同的虚拟现实引擎对 GPU 性能的优化措施也不同，接下来以 Unity 引擎为例进行介绍。

Unity 引擎通过 Profiler 工具进行性能分析，观察 GPU 的时间，锁定引起性能问题的原因，从而进行优化，可以从以下几个方面进行优化。

1．顶点数量

（1）简化模型，减少场景中需要渲染的物体。

（2）剔除遮挡，如果对象因被其他物体遮挡，在当前相机中无法看到时，则禁用对象的渲染。

（3）LOD，根据距离的远近使用不同的精度模型，远处选择低精度模型，近处选择高精度模型，这样可以减少模型上面的顶点和面片数量，从而提高性能。

2．顶点计算

（1）批处理，通过合并纹理和共享材质减少材质的数量，然后进行批处理。

（2）简化效果，减少复杂的屏幕后处理效果。

（3）透明效果，减少透明效果的叠加。

3．优化着色器

（1）控制渲染顺序，使主角的值较小，其他值稍大一些，剔除很多像素点的渲染，从而节约计算量。

（2）尽量避免使用复杂的数学运算，如 Pow、sin 等。

（3）使用简化的 Shader 代替复杂算法的 Shader。

4．光照处理

（1）烘焙灯光，使用光照贴图代替实时的光照效果。

（2）减少阴影，尽量不使用实时的阴影，可以使用简单的纹理替换。

（3）光照探针，在场景中先放置一些灯光效果的采样点，收集指定区域的明暗信息，利用内部的差值运算，将详细作用到动态的游戏模型上，从而减少性能的消耗。

5．带宽控制

（1）压缩纹理，降低纹理在磁盘和内存中的大小。

（2）Mipmap，模型的贴图会根据摄像机与模型的距离调整不同质量的贴图显示，以达到优化目的。

（3）降低分辨率，以减少输出的像素。

（4）打包图集，以减少材质的数量。

5.2.3　对内存性能的优化

内存的开销主要有 3 部分：资源内存占用、引擎模块自身内存占用和托管堆内存占用，因此可以从这 3 个方面对内存性能进行优化。

不同的虚拟现实引擎对内存性能的优化措施也不同，下面以 Unity 引擎为例进行介绍。

1．资源内存占用

在一个较为复杂的项目中，资源的内存占用往往占据了总体内存的 70%以上。一个项目的资源主要分为纹理（Texture）、网格（Mesh）、动画片段（Animation Clip）、音频片段（Audio Clip）、材质（Material）、着色器（Shader）、字体资源（Font）及文本资源（Text Asset）等。其中，纹理、网格、动画片段和音频片段是容易造成较大内存开销的资源。

1）纹理

纹理可以说是几乎所有游戏项目中占据最大内存开销的资源，在使用纹理时应该注意以下几个方面。

（1）纹理格式。纹理格式是研发团队最需要关注的纹理属性。因为它不仅影响着纹理的内存占用，还决定了纹理的加载效率。开发团队应尽可能根据硬件的种类选择硬件支持的纹理格式，如 Android 平台的 ETC、iOS 平台的 PVRTC、Windows PC 上的 DXT 等。

（2）纹理尺寸。一般来说，纹理尺寸越大，占用的内存就越大。所以，应尽可能降低纹理尺寸，如果 512px×512px 的纹理对于显示效果已经够用，就不要使用 1024px×1024px 的纹理，因为后者的内存占用是前者的 4 倍。

（3）Mipmap 功能。Mipmap 旨在有效地降低渲染带宽的压力，从而提升游戏的渲染效率。但是，开启 Mipmap 会将纹理占用的内存提升 1.33 倍。对于具有较大纵深感的 3D 游戏来说，3D 场景模型和角色通常需要开启 Mipmap 功能，UI 纹理通常不需要开启 Mipmap 功能，因为绝大多数 UI 都渲染在屏幕最上层，开启 Mipmap 功能并不会提升渲染效率，反而会增加无谓的内存占用。

（4）Read & Write。在一般情况下，纹理资源的读/写功能在 Unity 引擎中是默认关闭的因为开启该选项将会使纹理占用的内存增加 1 倍。读/写功能如图 5-2-2 所示。

图 5-2-2　读/写功能

2）网格

网格资源在较为复杂的游戏中往往占据较高的内存。对于网格资源来说，在使用时应该注意 Normal、Color 和 Tangent 这 3 个数据。其中，Color 数据和 Normal 数据主要是 3d Max、Maya 等建模软件导出时设置生成的，而 Tangent 数据一般是导入引擎时生成的。

在深度优化过的大量项目中，Mesh 资源的数据中经常会含有大量的 Color 数据、Normal 数据和 Tangent 数据。这些数据的存在将大幅度增加 Mesh 资源的文件体积和内存占用。如果项目对 Mesh 资源进行 Draw Call Batching 操作，那么可能会进一步增加总体内存的占用。因此，可以直接针对每种属性进行排序查看，直接定位出现冗余数据的资源，然后进行清理。

2．引擎模块自身内存占用

引擎自身中存在内存开销的部分纷繁复杂，可以说是由巨量的"微小"内存累积起来的，如 GameObject 及其各种 Component 所占的内存。因此，可以采取压缩自带类库、释放 WWW 和 AssetBundle 占用的资源等措施进行优化。

3．托管堆内存占用

托管堆内存是由 Mono 分配和管理的，"托管"的本意是 Mono 可以通过自动改变堆的大小来适应所需要的内存，并且适时调用垃圾回收（Garbage Collection）操作来释放已经不需要的内存，从而降低开发人员在代码内存管理方面的门槛。因此，可以采取减少 New 产生对象的次数，使用公用对象代替临时对象，以及将 String 替换为 StringBuilder 等方法进行优化。

5.3 高级性能优化

5.3.1 渲染模块的优化

渲染优化的主要目的是减少渲染的工作量，控制渲染的工作量是保证效率的根本，而每帧渲染的顶点数量是衡量渲染工作量最直观的标准之一，每帧可渲染的顶点数量主要取决于设备的 CPU 和 GPU。通常来说，PC 游戏每帧渲染的顶点个数不宜超过 2MB，移动游戏每帧渲染的顶点数量不宜超过 0.1MB。

不同的虚拟现实引擎对渲染模块的优化措施也不同，下面以 IdeaVR 引擎为例进行介绍。

遮挡剔除是三维图形渲染中常用的性能加速策略，通过将遮挡体后面不可见的物体直接省略更新和绘制操作，从而提升引擎的渲染效率。IdeaVR 引擎支持多种类型的遮挡体，如遮挡物体、遮挡剔除、区域剔除、入口剔除等。

1）遮挡物体

启动 IdeaVR 应用程序，执行"创建"→"遮挡剔除"命令，创建一个遮挡体，如图 5-3-1 所示。

遮挡物体是指创建出一个指定物体形状的遮挡体，根据所选中模型的三角网格生成遮挡体，这种类型的遮挡体的优势是可以创建自定义形状的遮挡体，从而保证视觉效果和遮挡效率。

图 5-3-1　创建一个遮挡体

选择场景中的某个节点，然后执行"创建"→"遮挡剔除"→"遮挡物体"命令，在所选择的节点下创建出一个遮挡体子节点，遮挡前与遮挡后的效果如图 5-3-2 和图 5-3-3 所示。

图 5-3-2　遮挡前的效果

图 5-3-3　遮挡后的效果

2）遮挡剔除

遮挡剔除是指当一个物体被其他物体遮挡住而相对当前相机不可见时，可以不对其进行渲染。

执行"创建"→"遮挡剔除"→"遮挡剔除"命令，创建出一个红色遮挡体，效果如图 5-3-4 所示。将红色遮挡体移动到摆件的前方，通过调整遮挡体的大小（节点缩放旋转）找到合适的角度，使摆件完全被红色遮罩所遮挡，此时摆件不再进行渲染。

图 5-3-4　遮挡效果

3）区域剔除

区域剔除是指不渲染划分区域范围之外的物体，而被其他物体挡住，在区域内的物体仍会被渲染。

执行"创建"→"遮挡剔除"→"区域剔除"命令，创建出一个蓝色遮挡体，如图 5-3-5 所示。将蓝色遮挡体移动到茶几位置，通过调整遮挡体的大小（节点缩放旋转），将整个茶几完全包围在遮挡体内。

图 5-3-5　遮挡物体

相机在遮挡体外面时，区域内的物体不进行渲染；当相机在区域内时，物体进行渲染，区域外则不进行渲染，如图 5-3-6 所示。

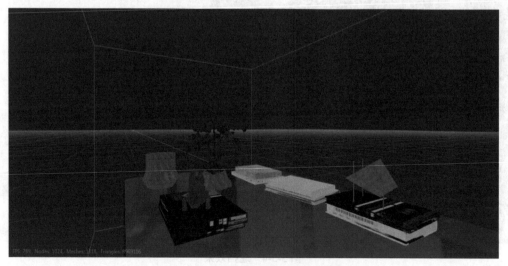

图 5-3-6　相机进入区域内时的效果

4）入口剔除

入口剔除是指在区域剔除的基础上，在区域范围边界创建一个入口，相机处于入口视角范围内时，区域内的物体被渲染。

执行"创建"→"遮挡剔除"→"入口剔除"命令，创建出一个黄色遮挡体，如图 5-3-7 所示。将黄色遮挡体移动到区域剔除范围边界，然后调整黄色遮挡体的大小（节点缩放旋转），使其比蓝色遮挡体范围小。

图 5-3-7　入口剔除

相机在蓝色遮挡体外面时，可以透过黄色区域看见被遮挡的物体，变换不同的角度，可以从不同的方向查看蓝色区域内的物体。当相机在区域内时，透过黄色区域可以查看蓝色区域之外的物体，不在可视范围内的则不进行渲染。"入口剔除"命令多用于多个遮挡体的连接处，如图 5-3-8 所示。

图 5-3-8　入口剔除的内部视角

下面以 Unity 引擎为例，介绍如何通过减少场景中物体的数量和渲染对象的渲染次数来对渲染模块进行优化。

1. 减少场景中物体的数量

（1）手动减少，这是最直观、有效的方法，在不影响功能性和体验感的情况下，这是既方便又快捷的方法。

（2）遮挡剔除（Occlusion Culling）。遮挡剔除的原理就是当一个物体被其他物体遮挡时，不在摄像机的可视范围内时不对其进行渲染。

下面通过如下步骤来演示遮挡剔除的效果。

① 新建场景，创建一些立方体，效果如图 5-3-9 所示。

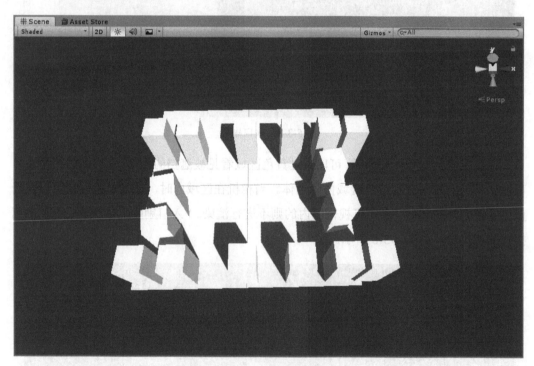

图 5-3-9　新建场景

② 选中所有的立方体，在属性面板的 Static 下拉列表中选择 Occluder Static 和 Occludee Static 选项，使其成为静态的遮挡物，既可以遮挡其他物体，又可以被其他物体遮挡。静态选项如图 5-3-10 所示。

③ 执行 Window→Rendering→Occlusion Culling 命令，打开 Occlusion 窗口，如图 5-3-11 所示。

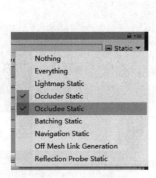

图 5-3-10 静态选项

图 5-3-11 Occlusion 窗口

④ 在 Occlusion 窗口中选择 Bake 页面，并单击右下角的 Bake 按钮，烘焙效果如
图 5-3-12 所示。

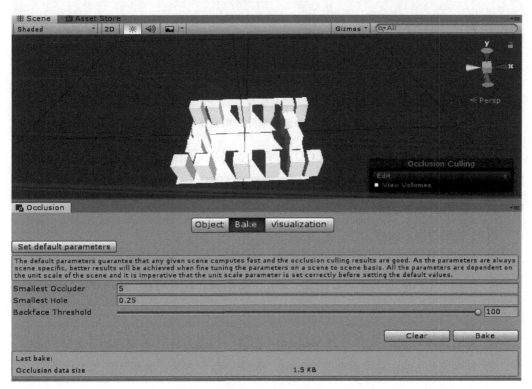

图 5-3-12 烘焙效果

⑤ 在 Occlusion 窗口中单击 Visualization 按钮，查看遮挡剔除的预览效果，如图 5-3-13
所示。

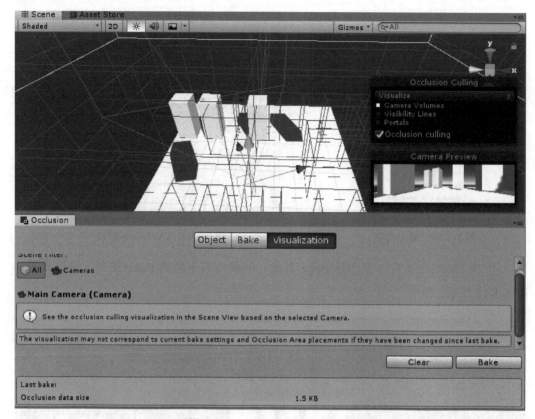

图 5-3-13　遮挡剔除的预览效果

（3）LOD（Level Of Details）。LOD 是多细节层次，根据物体模型的节点在显示环境中所处的位置和重要度，决定物体渲染的资源分配，降低非重要物体的面数和细节度，从而获得高效率的渲染运算。

LOD 效果的展示步骤如下。

① 新建场景，创建一个平面作为地面，修改其材质，使其更明显。

② 创建一个空物体，命名为 High，在其下方创建一些立方体，排列效果如图 5-3-14 所示。

③ 复制物体 High，重命名为 Medium，删除一些立方体，效果如图 5-3-15 所示。

④ 复制物体 Medium，重命名为 Low，删除一些立方体，效果如图 5-3-16 所示。

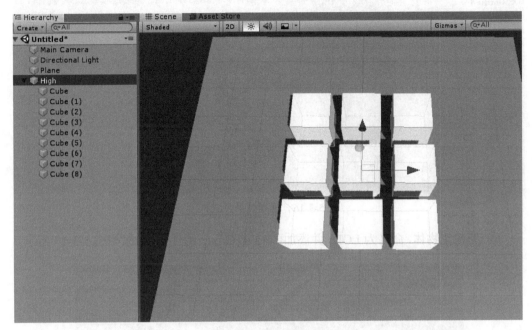

图 5-3-14 排列效果（一）

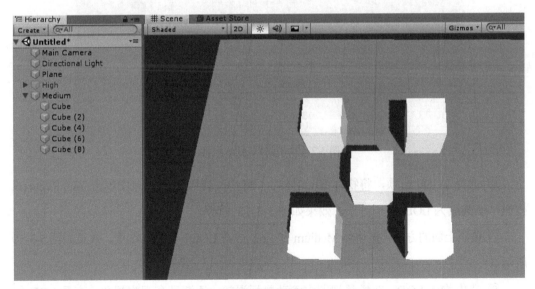

图 5-3-15 排列效果（二）

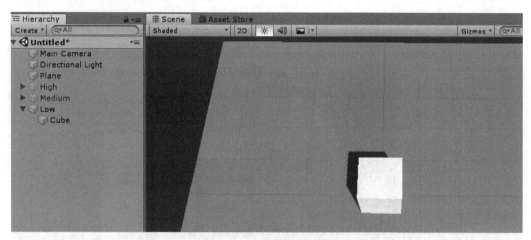

图 5-3-16　排列效果（三）

⑤ 新建空物体，命名为 LOD，并添加到 LOD Group 组件中，效果如图 5-3-17 所示。

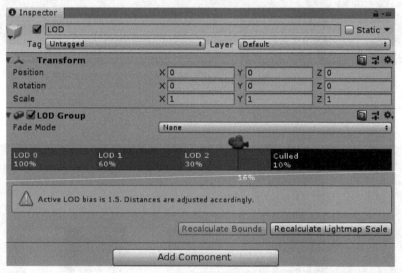

图 5-3-17　LOD Group 组件

⑥ 选择 LOD0 选项，将物体 High 拖到 Add 中，在弹出的窗口中单击 Yes, Reparent 按钮，使其成为 LOD 的子对象，效果如图 5-3-18 所示。

⑦ 按照上面的方法，把物体 Medium 和 Low 放在 LOD1 与 LOD2 中，效果如图 5-3-19 所示。

⑧ 选中物体 LOD，在场景视图中滚动鼠标滑轮，逐渐升高观察视角，查看 LOD 的效果，如图 5-3-20 和图 5-3-21 所示。

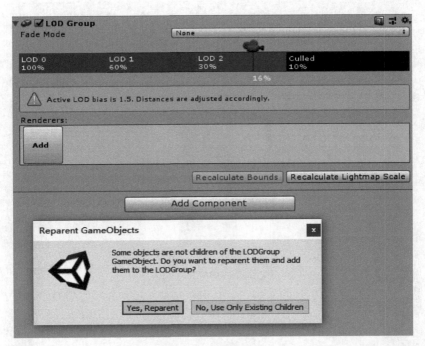

图 5-3-18 添加 LOD

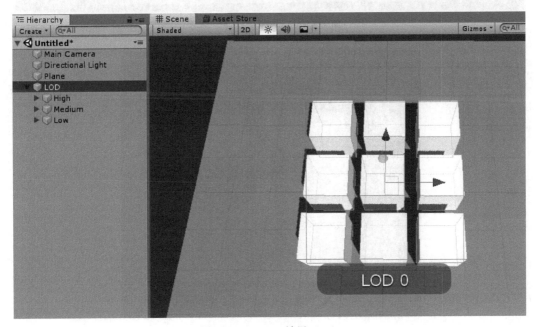

图 5-3-19 LOD 效果（一）

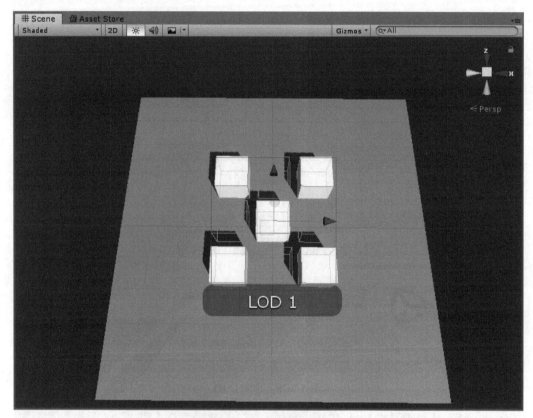

图 5-3-20　LOD 效果（二）

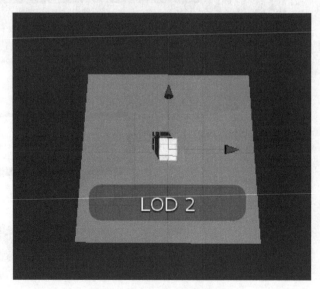

图 5-3-21　LOD 效果（三）

（4）可以通过修改摄像机中 Clipping Planes 参数的 Far 值裁剪远端，从而降低摄像机的绘制范围，达到优化渲染模块的目的。

2．减少渲染对象的渲染次数

在场景中，实时光照、阴影、反射可以极大地提升观感，但这些操作需要耗费极高的性能。光照贴图是所有灯光的特性将被直接映射到 Beast lightmapper，并烘焙到纹理上，以此获得更好的性能。

1．光照贴图（Lightmap）

Unity 软件中灯光默认为实时光照，即物体在灯光下的不同位置会产生不同的灯光效果。由于动态光源在实时光照下会有大量的 Setpass Calls 可以烘焙灯光效果，生成光照贴图，因此可以大大减少 Setpass Calls。运用光照贴图的具体步骤如下。

（1）新建场景，搭建成房子的样式，并添加一些点光源，如图 5-3-22 所示。

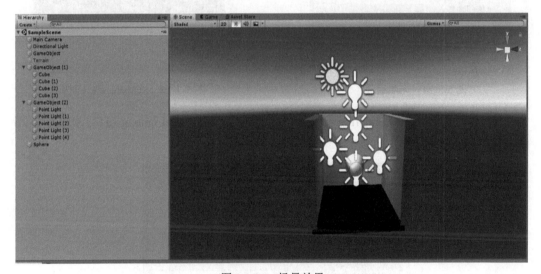

图 5-3-22　场景效果

（2）在游戏窗口中单击 Stats 按钮打开统计面板，可以看到 SetPass calls 比较大，如图 5-3-23 所示。

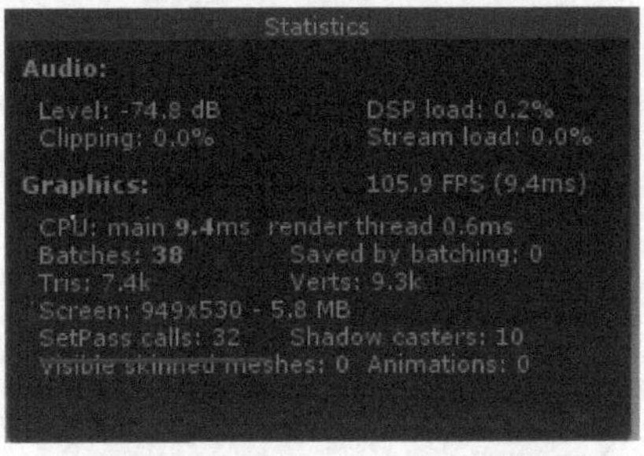

图 5-3-23　SetPass calls 的数量

（3）选中场景中所有的立方体，在属性面板中执行 Static→Lightmap Static 命令，设置为静态物体。

（4）选中场景中所有的光源，在属性面板中将 Mode 参数设置为 Baked，如图 5-3-24 所示。

（5）再次查看 Statistics 统计面板，SetPass calls 的值已经从 32 降到 17，如图 5-3-25 所示。

图 5-3-24　光照组件

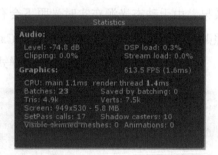

图 5-3-25　Statistics 统计面板

（6）执行 Window→Rendering→Lighting Settings 命令，打开 Lighting 窗口，如图 5-3-26 所示。

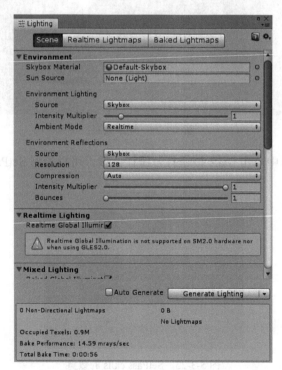

图 5-3-26　Lighting 窗口

（7）勾选 Auto Generate 复选框，只要满足灯光烘焙条件，Unity 软件就会自动烘焙，或者单击 Generate Lighting 按钮进行手动烘焙。

（8）单击 Baked Lightmaps 按钮即可查看烘焙完的光照贴图，如图 5-3-27 所示。

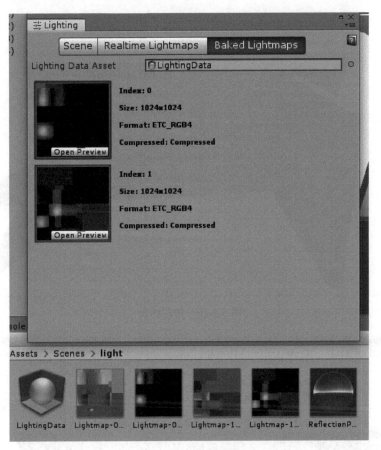

图 5-3-27　光照贴图

2. 光照探针（Light Probes）

光照探针是在场景中先放置一些灯光效果的采样点，收集指定区域的明暗信息，利用内部的差值运算，将光照信息作用到动态的游戏模型上。这样就不会像全局实时光照那样消耗性能，从而实现与静态物体、静态场景实时融合的效果。

下面通过如下步骤来演示光照探针的效果。

（1）新建场景，创建几个立方体，搭建成如图 5-3-28 所示的效果。

（2）创建几个光源，摆好位置，并创建一个胶囊体作为观察对象，效果如图 5-3-29 所示。

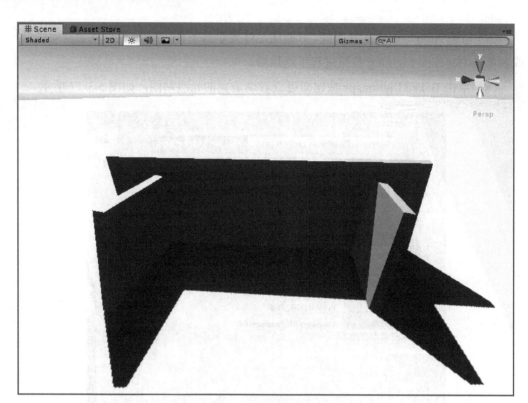

图 5-3-28　搭建场景

图 5-3-29　添加光源

（3）在层级窗口中单击鼠标右键，勾选 light 组中的 Light Probe Group 复选框，创建光照探针组件，如图 5-3-30 所示。

图 5-3-30 光照探针组件

（4）单击"编辑"按钮后可以开始编辑光照探测点，单击"添加"按钮即可在场景中看到黄色的采样点，如图 5-3-31 所示。

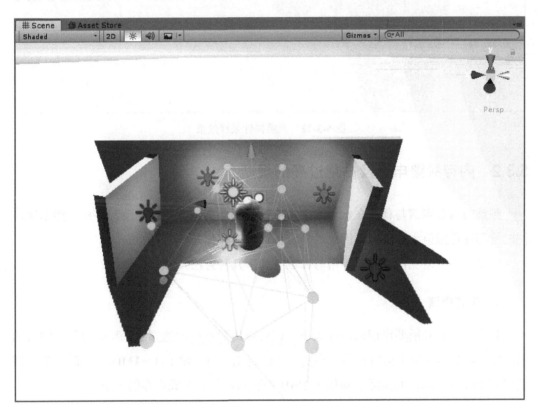

图 5-3-31 光照探针

（5）设置场景，烘焙光照贴图。

（6）把烘焙的光源关掉，在场景中移动胶囊体即可看到不同的灯光效果，如图 5-3-32 所示。

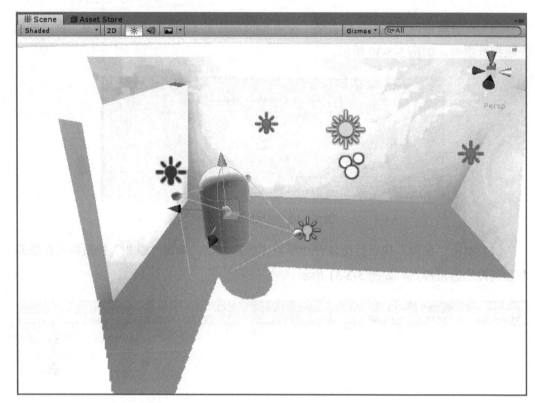

图 5-3-32　光照探针采样效果

5.3.2　内存频繁申请及占用过高的规避

频繁的内存申请与释放在很大程度上会影响程序的运行效率，使程序极可能出错，同时给程序造成巨大的负担，因此尽量避免这样的操作是非常有意义的。

大体而言，避免内存频繁申请与释放有如下几种方法。

1. 静态申请

如果能够预知所要申请的内存大小，则可以用静态申请的方法，直接提供足够大的内存空间。当程序中申请内存的大小变化范围特别大时（如 1bit～1MB），这时如果只需要申请 1bit 的空间，而实际上却用了 1MB 的空间，就会造成内存的浪费。

2. 对象池

一个对象池包含一组已经初始化过并且可以使用的对象，在有需求时创建和销毁对象。可以从池子中取得对象，对其进行操作处理，并在不需要时归还给池子而非直接销毁它。对象池通过循环使用对象，减少了资源在初始化和释放时的性能损耗，从而提高系统的整体性能。

3．减少字符串拼接

字符串使用 String 类型来表示，String 的值是不可变的。这就导致每次对 String 的操作都会生成新的 String 对象，这样不仅效率低下，还会大量浪费有限的内存空间。

对字符串进行拼接，每次拼接都会创建一个 String 对象，消耗时间和资源；而 StringBuilder 是一个可变的字符串缓冲区类，在做字符串拼接操作时是在原来的字符串上进行修改，改善了性能。因此，字符串的拼接操作频繁时，建议使用 StringBuilder 对象代替 String 对象。

5.3.3　用户界面组件的优化

随着用户界面的增多，也会造成性能上的消耗，可以从降低渲染开销和降低更新开销两个方面进行优化。

不同的虚拟现实引擎对用户界面的优化措施也不同，下面以 Unity 引擎为例进行介绍。

1．降低渲染开销

1）减少遮罩（mask）

每个 mask 都会把 UI 分隔成 mask 以内和以外的两个"世界"，依次计算两个"世界"的 drawcall，然后相加。所以，在使用 mask 时需要仔细思考其必要性，也可以考虑用带通道的图片代替 mask 的遮罩功能。

2）整理图集

影响 drawcall 数量的根本是批处理数（batch），而 batch 是根据一个一个图集来进行批处理的。在处理图集时，把常用图片放在一个共有图集中，然后把独立界面的图片放在另一个图集中。

3）图文交叉

UI 的批处理规则除了依赖于图集，还依赖于组件关系，图片和文字重叠时，处理不好也会发生一些多余的 drawcall。因此，尽量不要出现图片和文字交叉的情况。

4）层级深度

在层级面板中，节点的深度表现的就是 UI 层级的深度，深度越深，不处在同一层级的 UI 就越多，drawcall 就会越大。

2．降低更新开销

1）动静分离

在制作 UI 时，应该考虑到整个 UI，哪个部分处于经常变化，哪个部分处于不常变化。把常变化的归到动态区域，把不常变化的归到静态区域。动静分离可以减少 UIMesh 动态更新，某些比较复杂、常驻的界面可以这样优化。

2）Graphic Raycaster 用法

Graphic Raycaster 组件能够将输入内容转换为 UI 事件，它会把触屏输入转为事件，然后发送给相关 UI 元素。每个接收输入内容的画布都需要 Graphic Raycaster 组件，包括子画布。可以通过关闭静态或非交互式元素的 Raycast Target 进行优化。

3）画布的重建

在需要隐藏 UI 元素和画布时，可以通过禁用 Canvas 组件来实现，而不是使用 enable 与 disable，因为它们会触发耗时较高的网格重建操作。

禁用 Canvas 组件会阻止画布向 GPU 发起绘图调用，所以该画布不再可见。然而，此时该画布不会丢弃它的顶点缓冲区，会保留所有网格和顶点，当重新启用时不会触发重构过程，只会重新绘制画布内容。

5.3.4 物理引擎组件的优化

虽然单个简单的物理关节速度很快，但其背后的运算却很复杂。从本质上来看，一个关节就是一套由刚体的位置、速度、加速度、旋转等信息组成的等式系统。如果创造了一个由不同刚体组成的物体，而这些刚体又各自包含许多不同的关节，它们互相碰撞，都需要满足关节和非穿透式碰撞的限制条件，这就会使性能消耗迅速增加。

不同的虚拟现实引擎对用户界面的优化措施也不同，下面以 Unity 引擎为例进行介绍。

1．减少物理引擎组件的数量

当设置复杂的关节方案时，要慎重考虑所需关节数量、碰撞类型及必要的刚体数量。可以用图层来移除不必要的碰撞，对于拥有 Allow Collision 复选框的关节，也应谨慎使用。通过限制关节的活动范围可以减少碰撞检测的数量。调整关节，使它避免发生碰撞。通过将关节和刚体作为插值方法的控制点，也可以减少它们的使用数量。

2. 简化网格碰撞器（Mesh Collider）

务必要注意项目中添加的网格碰撞器。为了图方便，容易用模型网格作为碰撞网格，但这可能会引起严重的性能下降，而且还不易察觉。如果将相同的网格碰撞器放大，并置于充满 RayCast 的环境中，性能会骤然下降。

因此，对于默认图层中的所有物体或可能会与许多东西发生碰撞的物体，要为其制作一个低多边形碰撞网格。如果某个特定的网格有问题，但又不想或没有时间制作自定义网格，可以将网格碰撞器变为凸面体，并调整 SkinWidth，以获得一个自动生存的低多边形碰撞网格。

5.3.5　内存泄漏的防止

内存泄漏是指程序中已动态分配的堆内存由于某种原因，程序未释放或无法释放，造成系统内存的浪费，导致程序运行速度减慢甚至系统崩溃等严重后果。内存泄漏缺陷具有隐蔽性、积累性等特征，如果持续泄漏，将因内存占用过大而导致程序崩溃。

程序由代码和资源两部分组成，内存泄漏也主要分为代码的泄漏和资源的泄漏。当然，资源的泄漏也是因为在代码中对资源的不合理引用而引起的。

不同的虚拟现实引擎对内存泄漏的预防措施也不同，下面以 Unity 引擎为例进行介绍。

1. 代码的泄漏

Unity 引擎是使用基于 Mono 的 C#作为脚本语言，基于 Garbage Collection（GC）机制的内存托管语言。GC 本身并不是万能的，所能做的是通过一定的算法找到“垃圾”，并且自动将“垃圾”占用的内存回收。在某对象超出其作用域时，如果忘记清除对该无用对象的引用，就会导致内存泄漏。因此，要对一些没有使用的对象进行引用的清除，以防止内存泄漏。

在 Unity 环境下，Mono 堆内存的占用只会增加不会减少。具体来说，可以将 Mono 堆理解为一个内存池，每次 Mono 内存的申请都会在池内进行分配；释放时归还给池，而不会归还给操作系统。需要注意的是，每次对池的扩建，都是一次较大的内存分配。

大部分 Mono 内存泄漏的情况都是由于静态对象的引用而引起的，因此对于静态对象的使用需要特别注意，尽量少用静态对象，对于不再需要的对象将其引用设置为 null，使其可以被 GC 及时回收。

2．资源的泄漏

资源泄漏是指将资源加载之后占用了内存，但是在资源不用之后，没有将资源卸载而导致内存的无谓占用。

Unity 的内存回收是需要主动触发的，主动调用的接口是 Resources.UnloadUnusedAssets()，不建议在游戏运行时主动调用，而应该在加载环节处理垃圾回收。

3．防止内存泄漏的措施

在平时的开发过程中多做思考，防微杜渐，内存泄漏是完全可以避免的，也是更加高效的做法。常用的方法如下。

（1）在架构上，多添加机构的抽象接口，提醒团队成员，要注意清理自己产生的"垃圾"。

（2）严格控制 static 的使用，非必要的地方禁止使用 static。

（3）强化生命周期的概念，无论是代码对象还是资源，都有它存在的生命周期，在生命周期结束后就要被释放。如果可能，需要在功能设计文档中对生命周期加以描述。

5.4　本章小结

5.1 节首先介绍了性能优化工具的使用，通过对结果进行分析可以找出影响性能的几个方面，如 CPU、GPU、内存等。然后分析了影响帧率的因素，如垂直同步、面片数、内存、光照、运算量等。最后介绍了画面的渲染原理，分析了 GPU 渲染过程中的 6 个阶段，即顶点着色器、图元装配、几何着色器、光栅化、片段着色器、测试与混合。

5.2 节详细介绍了对 CPU、GPU 和内存的优化措施。对 CPU 可以从控制 GC 的调用、创建对象池、删除冗余代码、进行批处理等方面进行优化；对 GPU 可以从减少顶点数量、减少顶点计算、优化着色器、处理光照等方面进行优化；对内存可以从资源内存、引擎模块自身内存和托管堆内存 3 个方面进行优化。

　　5.3 节介绍了一些高级性能优化措施，包括运用遮挡剔除、多层次细节和烘焙光照对渲染模块进行优化；通过使用对象池、减少字符串拼接来规避频繁申请内存空间，防止内存占用过高；通过整理图集、动静分离等措施对用户组件进行优化；通过减少物理引擎组件的数量和简化网格碰撞器对物理引擎组件进行优化；通过分析代码泄漏和资源泄漏的原因来防止内存泄漏。